Michael Pauly, Martin Reti

Instant-Blog

Ernsthaftes und Unterhaltsames aus der Welt der Wolken

Instant-Blog

Ernsthaftes und Unterhaltsames aus der Welt der Wolken

von

Michael Pauly
Martin Reti

Impressum

Bibliographische Information der Deutschen Nationalbibliothek: Die Deutsche Nationalbibliothek verzeichnet diese Publikation in der Deutschen Nationalbibliografie; detaillierte bibliografische Daten sind im Internet über http://dnb.d-nb.de abrufbar.

Coverbild: Barbara von Faber

Herstellung und Verlag:
Books on Demand GmbH, D-22848 Norderstedt

ISBN: 978-3-839-10147-6

Vorwort

Die IT verändert vieles. Am meisten verändert sie sich jedoch selbst. Was heute möglich ist und was auch gemacht wird, daran hätte vor ein paar Jahren noch niemand gedacht. Oder um es zuzuspitzen: Der entsprechende Visionär wäre als Spinner gebrandmarkt worden (obwohl solche Ideen bereits seit Jahrzehnten kursieren).

Supercomputer, die aus Spielekonsolen oder Grafikkarten zusammengebaut werden; Mobiltelefone, die in der Lage sind, Businessapplikationen auszuführen; Datenspeicher und Rechenkapazität für ein paar Cent pro Gigabyte bzw. CPU-Stunde. Und als Sahnehäubchen die Vorstellung, IT-Ressourcen und IT-Services in beliebiger Menge und zu jedem Zeitpunkt von überall über das Internet zu beziehen. Das Zeitalter von Dynamik und Flexibilität!

Vor einigen Jahren, d.h. im letzten Jahrtausend (was ja noch nicht so lange vergangen ist) für Privatpersonen und Unternehmen nahezu undenkbar. Heute scheint es Realität zu sein. Die Wegbereiter kommen aus dem Internet-Universum: Amazon und Google.

Und sie schaffen Fakten: Anders als die Jahre zuvor wurde der Trend Cloud Computing nicht in Marketing-Agenturen erdacht und im Unternehmensumfeld künstlich positioniert. Er schwappt auf „natürliche" Weise aus dem Consumerbereich in die Unternehmenswelt hinein. Diese zieht jetzt langsam nach und erliegt den Verlockungen der Wolke. Sie macht sich Schritt für Schritt „cloud-ready".

Dass dies nicht so einfach ist, dass sich Cloud Computing aus dem Consumerbereich nicht einfach in die Enterprisewelt übertragen lässt, dass es eine Menge an Gehirnschmalz zu investieren und einige Hürden und Fallstricke zu bewältigen gilt – all das spiegelt sich in den Beiträgen des Cloudblogs bei T-Systems wieder.

Wir wünschen Ihnen eine unterhaltsame Lektüre

Michael Pauly & Martin Reti

p.s.: Den aktuellen Beitrag finden Sie hier: http://cloudblog.t-systems.de

Instant Blog – was ist das?

Ein Blog lebt von seinen Beiträgen und den Kommentaren und Reaktionen hierauf. All das schnell und einfach. Aus diesem Grund widerspricht es dem Charakter eines Blogs, diesen auf Papier zu bannen und somit für andere nur eingeschränkt kommentierbar zu machen. Naja, ich kann den Beitrag schon noch kommentieren. Einfach und schnell z.B. mit einem Bleistift. Aber davon haben nicht alle was.

Im Zeitalter des Web 2.0 ist ein „Blog in Papierform" also ein Instant-Blog so interessant wie ein Instant-Kaffee im Vergleich zu einer frisch von einem Barista zubereiteten Kaffeespezialität. Optisch sind die sehr ähnlich, aber geschmacklich liegen jedoch – so zumindest unsere Meinung – meist Welten dazwischen.

Genauso verhält es sich mit einem „Instant-Blog". Sowohl in dieser Papierform als auch in der Internetversion lässt sich beides lesen. Denn inhaltlich sind beide gleich. Versucht man jedoch, den Beitrag zu kommentieren, so zeigt sich schnell, wo die Unterschiede genau liegen.

Der Vorteil von zu Papier gebrachten Blogbeiträgen liegt im wahrsten Sinne des Wortes klar auf der Hand. Ich kann mir schnell und einfach auch „ältere" Beiträge anschauen. Auch dann, wenn ich nicht unbedingt ein/e „Digital Native" bin.

Nichtsdestotrotz, oder vielleicht gerade deshalb, haben wir uns dafür entschieden, unsere Blog-Beiträge „gefrierzutrocknen", d.h. auf Papier zu bringen. Sollten Sie den dringenden Wunsch verspüren, die Beiträge zu kommentieren oder uns irgendetwas zum Thema Cloud Computing zukommen zu lassen, so erreichen sie uns leicht über die Killerapplikation des 20. Jahrhunderts oder auf unseren Blogseiten.

Viele werden sich beim Durchlesen fragen: Gab es zu den einzelnen Beiträgen keine Kommentare? Wieso sind diese hier nicht aufgeführt? Bitte haben Sie Verständnis, dass wir aus (urheber)rechtlichen Gründen die Kommentare hier nicht abdrucken können.

Inhalt

1 Allgemeines

„... Als die Gemeine zu sein für alle"

(Maria Stuart, Königin – nach F. Schiller)

1.1 Die Internet-Urenkel lassen grüßen

Am 20. Oktober 2009 von Martin Reti

Das Schöne am Web 2.0 ist ja, dass wieder jeder eine Meinung haben darf – sogar Marketingmenschen. Vielleicht sogar die vor allem.

Und natürlich hat auch T-Systems eine Meinung. Oder ich? Oder wir? Schwer zu sagen … Auf jeden Fall haben wir (oder ich oder sonst wer) eine Meinung zu Cloud Computing.

Aber die ist nicht ganz einfach wiederzugeben. Immerhin mischt sich ja viel Widersprüchliches in die Wolke. Und gerade deshalb eignet sich ja der Themen-Shooting-Star der IT-Welt wie kein zweiter, um sich zu streiten, zu verbessern, zu disputieren, zu diskreditieren – naja, das volle Programm der zwischenmenschlichen Töne halt.

Ja, und deswegen haben wir diesen Blog eröffnet. Blogs und Cloud Computing – das sind ja so was wie natürliche Freunde, besser gar Verwandte. Beides Kinder oder besser – der Schnelllebigkeit der IT geschuldet – Urenkel des Internet-Gedankens.

Und nun werden diese Kinder als Wunderwaffen der schönen neuen Welt gefeiert. Aber was ist denn wirklich dran an der Wunderwaffe Cloud Computing oder ist es vielmehr eine Wundertüte?

Ich lade Sie ein, gemeinsam mit uns auf die Suche nach der Wahrheit zu gehen. Klingt ja philosophisch und tatsächlich hat Cloud Computing ja auch ein bisschen was Philosophisches. Aber was ist schon Wahrheit? Seien wir ehrlich: Es ist eine krude Mischung aus vielen Ideen anderer, eigenen Geistesfunken und Gedanken-Gluonen[1] – und natürlich am Ende höchst subjektiv.

Wer sich auf die Suche nach der Wahrheit über Cloud Computing begibt, begibt sich in Hai verseuchte Gewässer voller Überraschungen und der darf sich sicher sein, dass er nicht das versunkene Atlantis finden wird.

Aber er erweitert seinen Horizont und er trägt dazu bei, dass wir alle die Cloudwelt besser verstehen. Lassen Sie uns gemeinsam das Clouduniversum erkunden.

1.2 Und noch ne Definition ...

Am 10. Dezember 2009 von Michael Pauly

Jeder redet von Cloud Computing. Und das bereits seit Monaten. Nichts liegt da näher als heute mal nach einer Definition zu fragen. Die müsste es ja schließlich geben. Bei so vielen Beteiligten, die sich auf diesem Feld tummeln. Aber weit gefehlt. Bei einer nicht repräsentativen und, so nehme ich an, auch nicht vollständigen, Suche bin ich auf etwas mehr als 50 unterschiedliche Definitionen gekommen – Tendenz täglich steigend.

Diese betonen, je nach Herkunft der Anbieter, unterschiedliche Aspekte von Cloud Computing. Hardware-Hersteller betrachten die Cloud, und damit Services, die diese zur Verfügung stellen soll, anders als Internet Companies. Software-Hersteller anders als Anbieter aus der Telko-Branche. Allen gemeinsam ist, dass Cloud Computing als dynamischer, skalierbarer IT-Service angesehen wird. Viel weiter gehen die Gemeinsamkeiten doch oft nicht.

Aus diesem Grund drängte sich uns die Frage auf, ob es nicht besser sei, anstelle einer Definition Cloud-Kriterien zu betrachten. Werden diese Kriterien erfüllt, so handelt es sich um Cloud Computing, wenn nicht, ...

Die NIST hat das übrigens auch gemacht. Und, Wunder über Wunder, wir haben einiges an Gemeinsamkeiten. Und das erscheint überhaupt das Gute an die-

[1] Gluonen sind “Nuklearkitt”. Sie halten im Atomkern die Neutronen und Protonen zusammen

sem Ansatz: Sehr schnell lassen sich Gemeinsamkeiten und Unterschiede auffinden: Das öffnet dann einer gehaltvollen Diskussion nach dem Wie und Warum Tür und Tor.

Das klingt einfach, oder? Die Frage ist nur: Welche Cloudkriterien sollen hier gewählt werden? Müssen alle Kriterien immer zu 100% erfüllt sein? Ist es sinnvoll, diese Cloudkriterien nach unterschiedlichen Leveln zu clustern? Fragen über Fragen.

Nach kurzem und intensivem Abwägen kristallisieren sich – wie sollte es bei dieser Jahreszeit anders sein – für mich sechs Cloudkriterien immer mehr heraus: Standardisierung, Virtualisierung und Automatisierung sowie Bezahlung für ICT-Services, Zugang über alle Netze und last but not least Multimandantenfähigkeit.

Diskutierbar fürwahr, aber eine gute Diskussionsgrundlage, weil hier sowohl die Anbietersicht als auch die Anwendersicht zusammengebracht werden. Reichen diese Kriterien aus, um Cloud Computing zu charakterisieren? Ich denke ja. Oder brauchen wir noch mehr oder andere Kriterien?

1.3 Vom Saulus zum Paulus

Am 1. Dezember 2009 von Martin Reti

Sie meinen, ich wäre ein Cloudskeptiker? Nunja, der Anschein kann schon entstehen. Das stimmt aber nicht! Mitnichten! Ich wehre mich entschieden gegen diese Unterstellung. Selbstverständlich bin ich ein Fan der Cloud. Sie wird alles gut machen, sie wird alles leichter machen, sie wird den Hunger der Welt bekämpfen, sie wird die globale Erwärmung stoppen, sie wird der Menschheit einen Sinn im Leben geben und sie wird mir jeden Morgen einen frisch gebrühten Dreieinhalb-Minuten-Tee und ein weich gekochtes Ei servieren.

Ok, ich hoffe, Sie haben das jetzt nicht Ernst genommen. Ich habe meinen Anwalt noch nicht konsultiert und weise deswegen nochmals explizit darauf hin, dass ich was von der Wolke halte, aber nicht annehme, dass sie mir tatsächlich einen vernünftigen Tee servieren kann.

Aber etwas Ernsthaftes möchte ich schon noch loswerden: Ja, ich bin tatsächlich überzeugt davon, dass Cloud Computing kommen wird. Oder besser gesagt, dass Cloudprinzipien auch von Unternehmen adaptiert werden. Und wenn Sie mich fragen, welche das wohl sein könnten oder was denn das fundamental Neue ist, dann zucke ich erstmal mit den Schultern. Erstmal.

Das hängt mit dem Wesen von Cloud Computing zusammen, falls es so was überhaupt gibt. Cloud Computing ist eine geschickte Kombination von vielem, was schon lange existiert und erprobt ist. Deswegen wird es – ich zitiere einen Presseartikel – auch funktionieren.

Dann müsste man noch über den Begriff Innovation streiten – was ist denn heute Innovation? Ist es im 21. Jahrhundert die Erfindung des Rads, die Entdeckung der Elektrizität oder des Tamagotchi? Oder ist es vielmehr die clevere Verknüpfung von erprobten Techniken?

Das Spannungsfeld Evolution/Revolution beschreibt Cloud Computing wirklich gut. Es ist natürlich auch eine Frage des Standpunkts und der Affinität. Das zeigt eindrucksvoll die Akzeptanz von Cloud Computing in den USA und UK.

Was an Neuem bleibt? Ich denke, zum einen der Durchbruch für neue Abrechnungsmodelle, zum anderen einen zunehmende Austauschbarkeit der Anbieter und damit eng verbunden, ein flexibler Dienste- und Ressourcenbezug. Wenn Cloud Computing für die Nutzer niedrigere Kosten, höhere Flexibilität und schnellere Aktionsfähigkeit im Wettbewerb ermöglicht, dann ist das bedeutsam. Das sind greifbare Vorteile. Und daher wird sich das Modell auch über kurz oder langsam überall dort durchsetzen, wo es in der einen oder anderen Variante einsetzbar ist. Wenn es den Kinderschuhen entwachsen ist.

1.4 Cloud Computing braucht Vertrauen

Am 9. Februar 2010 von Michael Pauly

"Wechseln Sie jetzt in die Cloud ihres Vertrauens". So oder so ähnlich könnte zukünftig ein Werbeslogan eines Cloud-Providers lauten. Natürlich erst dann, wenn die "Ich kann es noch billiger" Kampagnen vorbei sind. Dass Geiz dabei nicht immer … (super) ist, haben langsam alle Cloud-Computing-Interessenten bemerkt. Denn, die Themen Sicherheit, Recht und Compliances stehen zurzeit hoch im Kurs.

Dabei sind ja Sicherheit, Recht und Compliance eigentlich nur die konkreten Erscheinungsformen eines uralten "menschlichen" Themas – Vertrauen.

Sie bringen in feste Form, dass man dem Provider vertrauen kann: Er hat die Technik im Griff und er gewährleistet, dass niemand, den es nichts angeht, auf Daten und Informationen zugreifen kann. Und man kann dem Anbieter vertrauen, dass er einen nicht über den Tisch zieht.

Mit dem Vertrauen in Technik ist das so eine Sache. Entweder man hat sie. Oder man hat sie nicht. Meistens lässt sie sich schwer fassen, so dass viele dazu neigen auf "verlässliche" Fakten zurückzugreifen. Deshalb verlassen sich zunehmend mehr Kunden auf Zertifikate als Basis für ihre Entscheidung. Das scheint besser als ein gutes Bauchgefühl zu sein. Denn mit einem Zertifikat hat man ja schon mal einen unabhängigen Dritten im Boot. Also, her mit den Zertifikaten.

… aber welche? Wer hier auf bewährtes aus dem klassischen Outsourcing und Rechenzentrumsbetrieb (ISO 27001 & Co.) zurückgreifen kann, liegt sicher nicht falsch. Hierin spiegeln sich oft Jahrzehnte lange Erfahrung und Expertise wieder. Das alles ist gut für die "gefühlte" Sicherheit.

Beim Vertrauen in den Provider wird es schwieriger. Hier hilft nur ein Blick hinter die (oft gut gestalteten) Webseiten. Zertifikate wie bei der Technik gibt es hier nicht. Hier muss sich schon jeder Kunde sein eigenes Bild machen. Wem es seine Daten und/oder die Unterstützung seiner Prozesse anvertraut.

Dabei sollte übrigens auch die Frage nach später eine Rolle spielen: Gibt es den Provider morgen noch? Und wenn nicht, wie komme ich dann an meine Daten? Dies sind alles Fragen, die beantwortet werden müssen.

Ob die Funktionen und Funktionalitäten, welche Cloud-Services Unternehmen anbieten, dann auch noch halten, was sie versprechen? Das muss jedes Unternehmen selbst entscheiden. Hier helfen weder Zertifikate noch Gütesiegel. Denn jedes Unternehmen sollte selber wissen, was es benötigt, wie seine Prozesse aussehen und welche IT-Unterstützung es hierfür braucht. Und das muss man wohl oder übel ausprobieren – erstmal mit geringem Risiko.

Cloud-Beratung könnte dabei doch ein durchaus interessantes Betätigungsfeld sein. Aber auch diese setzt letzten Endes Vertrauen voraus … Oder Sie machen es, wie es die Welt heute nun mal macht: Sie sammeln Dutzende verschiedener Standpunkte – intern wie extern – und erhalten damit eine "Mehrheitsmeinung". Das kann zumindest nicht schaden. Ob Sie der Expertise der "Masse" vertrauen wollen, nun ja, das hängt wahrscheinlich dann doch wieder von ihrem Bauchgefühl ab.

1.5 Grenzen der Grenzenlosigkeit

Am 26. Februar 2010 von Martin Reti

Diese Macht! Diese ungeheure Macht! Dieses gewaltige, unersetzliche Gefühl grenzenloser Machtfülle bringt mich geradezu um den Verstand und um den Schlaf! Nie hätte ich als Digital Immigrant gedacht, dass dieser Blog ein derart machtvolles Instrument ist. Hatte ich nicht vor einigen Tagen darüber geschrieben, dass Google versucht, ein komplettes Cloudangebot aufzubauen? Gleich hat Eric Schmidt reagiert und dementiert. Für mich stellt sich nur noch die Frage, welche Firma veranlasse ich heute zu einem Dementi?

Wäre unfair, gleich wieder auf Google einzugehen. Allzumal deren Parole offenbar lautet: Mobile, mobile. Da ist sicher auch was dran. Aber einmal mehr geht die IT hier vielleicht einer Art Technikhörigkeit in die Falle. Natürlich ist Cloud Computing erst dann komplett, wenn wir über Funkanbindungen tatsächlich "anywhere, anytime, any service" haben werden.

Aber mittlerweile sind nicht nur die nimmermüden Kreuzritter der Technologieverdammnis aufgewacht. Der Gedanke, dass eine Häufung von Strahlung die Lebensqualität minimiert, ist nicht mehr nur ein Thema von Ewiggestrigen, sondern liegt auch auf politischen Agenden und kommt bei Otto Normalverbraucher und Jane Doe an. Und wer diese Kreuzritter belächelt und sich bei den Gedanken an eine „Anyservice-anytime-anyplace"-Gesellschaft immer noch wohl fühlt, dem empfehle ich – natürlich – einen Besuch auf der CeBIT, um am eigenen Leibe zu erfahren, wie sich das anfühlt, in einer Art Mikrowelle[2] zu hausen.

Ich möchte keineswegs die Möglichkeiten, die Funkanbindungen bieten, kleinreden, (denken Sie nur an das immense Spannungspotenzial, das Krimis und Thriller dadurch gewonnen haben – sorry, Spaß muss sein;-)), aber irgendwann wird der Zeitpunkt kommen, dass Gesetzgeber eine Belastungsgrenze vorschreiben – for human´s sake. Wo diese Grenze liegen wird, kann wahrscheinlich noch niemand sagen. Oder der Nutzer muss bei Messebesuchen eine Einwilligungserklärung unterschreiben, dass er für Schäden an Leib, Leben und Hirn niemanden anders als sich selbst verantwortlich machen wird. Solcherlei Limits werden dem mobilen Dienstverfügen aus der Cloud Grenzen setzen.

Spätestens, wenn es den Gegnern gelingt aufzuzeigen, dass zuviel Funk der Gesundheit bewiesenermaßen abträglich ist, kann sich das Blatt sehr schnell wenden. Und dann wird die Wellenwelt indiziert, verpönt, geächtet, gelyncht (mit Ausnahmen natürlich, beispielsweise am Strand von Hawaii).

Und dann denkt Google vielleicht doch wieder über einen Ausbau von festen Netzverbindungen nach.

1.6 Es zählen nicht immer nur die inneren Werte…

Am 8. März 2010 von Michael Pauly

Es soll Menschen geben, die sich an eine Zeit erinnern, in der es keine Handys gab. Als man auch Musik von der B-Seite hören konnte (das ist die Rückseite einer Schallplatte). Das war auch die Zeit, in der die IT sehr hohen Wert auf die inneren Werte legte. Es ging um Rechen- und Speicherleistung, um Funktionen und Funktionalitäten.

[2] Um Kommentaren vorzubeugen: Ich bin mir im Klaren darüber, dass es Strahlung unterschiedlicher Wellenlängen und -intensitäten gibt, die sich durchaus unterscheiden. Und Mikrowellenstrahlung und WLAN oder Mobilfunk stellen unterschiedliche Segmente aus dem breiten Wellenspektrum dar – wie auch Röntgenstrahlung, Gammastrahlung, Infrarotstrahlung und sichtbares Licht. Um beim alten Paracelsus zu bleiben: Allein die Dosis (und die Wellenlänge) macht das Gift.

Seitdem hat sich ein wenig geändert. Das Zeitalter der Cloud dämmert herauf. Rechen- und Speicherkapazität stehen in (nahezu) unbegrenzter Menge zur Verfügung (sagt man). Und alle IT-Services, die ein Unternehmen braucht, stehen in der Wolke zur Verfügung (behaupten die Anbieter). Und, um der Wahrheit die Ehre zu geben, auch einige Anwender.

Ergo, alle sind zufrieden und glücklich. Naja, nicht ganz. Zunehmend werden Stimmen laut, dass sich Anwender nicht mehr um jedes Detail kümmern möchten, sondern einen kompletten Service beziehen. Und einfach bedienbar sollte dieser auch sein. Ähnlich wie beim iPhone oder jetzt beim iPad.

Dabei ist doch ein iPhone ein Mobiltelefon wie jedes andere, oder? Ich kann damit telefonieren. Ich kann damit mobil das Internet nutzen. Vielleicht ist das Display etwas größer. Naja, das stimmt auch nicht immer. Hätte es nur diese Punkte zu bieten, so wäre das iPhone nie zum Kulthandy avanciert. Genauso verhält es sich mit dem iPad. Eigentlich nur ein Laptop mit den üblichen Funktionen. Und dann sogar noch ohne Tastatur!

Beide haben das gewisse Etwas, das den Nutzer fasziniert. Denn, manchmal kommt es nicht nur auch die inneren Werte, d.h. auf die Funktionen, an. Das Gerät muss eine gute Schnittstelle nach außen und gute "Services" bieten.

Ähnlich verhält es sich in Unternehmen. Zunehmend werden ICT-Services nachgefragt. Einfach zu nutzen und einfach zu bedienen. Die Komplexität übernimmt der Provider, wie den Betrieb der SAP-Infrastruktur inklusive des Basisbetriebs versteht sich.

Aber wie gehen wir damit um, wenn der Service nicht genau die Erwartungen des potenziellen Anwenders erfüllt? Cloud ist von der Stange. Traditionell reagiert man darauf, dass man customized oder noch ein paar kundenspezifische Dinge dazu realisiert. Eine moderne Methode ist es, sich aus einem Baukasten mit Modulen zu bedienen. So schafft man den Spagat zwischen Skaleneffekten-Standards und Automatisierung auf der einen Seite und Individualität auf der anderen Seite.

Aber dieser Individualität sind nun mal Grenzen gesetzt. Plattform hin oder her – wenn Sie ihr Duftbäumchen, ein spezielles Tuning, Monsterreifen, einen Spezialauspuff mit Extra Wrrrrroooaaarrrrr und den speziell für Sie gemischten Lack am Auto haben (nicht zu vergessen, die individuell ausgesuchte und eingebaute Hifi-Anlage mit extra .. ok, das hatten wir schon, bleibt nicht mehr viel vom von-der-Stange-Standard übrig.

Wieder zurück in die IT-Welt: Welche Konsequenzen werden die Unternehmenskunden ziehen? Wird sich die IT wie gehabt an die Prozesse anpassen oder werden die Prozesse de-invidualisiert, vereinfacht, standardisiert? Die ersten Stimmen werden laut, dass das Zeitalter der individuellen Geschäftsprozesse zu Ende ist. Sie brächten ohnehin keinen Wettbewerbsvorteil. Schauen wir mal …

1.7 Die Rache der Fachabteilung

Am 12. März 2010 von Martin Reti

Es war einmal … ein Vertreter einer Fachabteilung, der sich mit der IT-Abteilung zusammensetzte, um ein IT-Projekt zu starten. Herr Gebäudemanagement artikulierte sein Anliegen: "Wir würden gern mit dem Papierkrieg zur Raumbuchung Schluss machen. Bitte programmieren Sie uns mal was, damit wir das am Rechner machen können".

Und dann nahm das Unheil seinen Lauf. Drei Briefinggespräche, etliche Rebriefings und sechs Monate weiter pflegen Kunde und Auftragsgeber nicht mehr den freundlichen Ton des Projektstarts. "Von wegen in time, in budget und in quality. Sie haben das Budget bereits um 50% überzogen, den Abnahmetermin dreimal verschoben und wir ersticken immer noch in Bergen von Papier" "Ihr Projektauftrag war auch zu schwammig. Dann haben Sie noch x-mal neue Features beauftragt. Und wenn wir fast so weit waren, kamen Sie mit neuen Rahmenbedingungen um die Ecke".

Doch am Ende steht der Erfolg: Durch Einschaltung eines Moderators und den Austausch des kompletten Projektteams gelingt es, das Projekt zur Zufriedenstellung aller Beteiligten nach 2,5-jähriger Laufzeit erfolgreich abzuschließen. Will heißen, es gibt eine Lösung mit dem klangvollen Namen Room Usage Power Tool (im offiziellen Unternehmenkürzel RUPT), die die potenziellen Nutzer ob ihrer Komplexität abschreckt und folgerichtig nur von den Hartgesottenen genutzt wird (inoffizieller Jargon: DIS-RUPT).

Am Morgen pflügen sich die Kollegen von Herrn Gebäudemanagement mit der Machete zum Arbeitsplatz. Die Raumbuchungsstelle hat sich einen Archivraum gebucht, um der Papierberge Herr zu werden. Ging übrigens auch ohne Raumbuchungs- und -mietetool. Ade, Du schöne Welt der Effizienz. Herr Gebäudemanagement ist frustriert, die IT-Abteilung ebenfalls …

… und dann kommt Cloud Computing. Herr Gebäudemanagement wird von Presse und Marketingabteilungen becloudet. Und denkt: "Wenn´s auch ohne IT-Abteilung geht, … harhar …" Und holt sich bei einem Cloud-Anbieter eine einfache Lösung von der Stange. Plötzlich sind alle glücklich, naja fast alle. Es funktioniert, es geht schnell, es ist günstig. Aber es ist halt nicht unbedingt sauber konzipiert und integriert. Eine kleine, heile Welt, ein kleines Tal der Glückseligkeit, das mal ganz locker die IT-Governance unterwandert.

Bei Projekten prallen heutzutage zwei Welten aufeinander: Die klassische, bei der eine perfekte Schleifchenlösung konzipiert wird durch viele Auf und Abs, die aber (hoffentlich) harmonisch in die IT-Landschaft des Unternehmens passt. Und die Welt der Ausprobierer, in der man schnell kauft und nutzt. Man nimmt, was im Angebot ist und stellt plötzlich fest, dass man auch mit weniger leben kann – zum Ärger der IT-Abteilung, die bei dieser Einführung aus der Cloud einfach umgangen wird. Die perfekte Rache von Herrn Gebäudemanagement am CIO.

Ich weiß, dass das Beispiel aus der Luft gegriffen ist. In Wirklichkeit gibt es so was natürlich nicht – weder bei Ihnen noch bei uns und auch nicht in der real existierenden Welt. Oder vielleicht doch? Der imaginäre Herr Gebäudemanagement indes betrachtet seine Lösung zwiespältig: Die Nutzer sind zufrieden, leider müssen die Daten von Hand in das hauseigene Controllingtool überführt werden und in der IT-Abteilung gibt ihm keiner mehr ein Bier aus. Aber das kann er verschmerzen. So untergräbt die Wolke menschliche Beziehungen.

1.8 Die Zeit der Kathedralen ist vorbei …

Am 16. März 2010 von Michael Pauly

Natürlich werden Sie sagen. Kathedralen werden heute nicht mehr so häufig gebaut. Genau genommen kenne ich zurzeit keine einzige, die sich im Bau befindet, geschweige denn geplant wird. Es wird meist nur noch an bestehenden ausgebessert, was dem Zahn der Zeit zum Opfer gefallen ist.

In der IT sieht es heute oftmals anders aus. Noch häufig werden große IT-Projekte mit langer, (manchmal sogar mehrjähriger) Laufzeit geplant. Dass sich dann während der Realisierung und Umsetzung die Anforderungen der späteren Nutzer ändern, ist eher die Regel als die Ausnahme. Dabei kommen meistens diese Änderungswünsche so überraschend wie Weihnachten und passen sich ein in das bis dahin umgesetzte wie geschmückte Tannenbäume an Ostern.

Änderungen im laufenden Projekt bedeutet: mehr Kosten, mehr Aufwand, mehr Zeit und letztendlich mehr Nervenverschleiß. Viel mehr … Das wird jeder bestätigen können, der schon einmal in einem solchen Projekt mitgearbeitet hat. Dabei gibt es doch vorgefertigte IT-Services für (fast) jeden Anwendungsfall in der Cloud. Hier kann ich mich bedienen wie in einem Baumarkt. Schnell, einfach, standardisiert und …

… und was nicht passt, das wird passend gemacht. Ich muss nur ein wenig mehr hiervon nehmen und auch an den anderen Komponenten etwas nachbessern. Das hört sich doch sehr professionell an, oder? Einem so gebauten System vertraut jeder gerne seine Daten an.

Da hilft eigentlich nur eins. Vorher nachdenken (das hat eigentlich noch nie geschadet). Denn, wenn ich weiß, wohin die Reise gehen soll, kann ich gezielt vorgefertigte Komponenten verwenden (wenn es Sinn ergibt) und auch die Schnittstellen genau darauf ausrichten. Das bedeutet aber zugleich: Ich kann heute noch nicht alles aus der Cloud beziehen. Standards fehlen einfach. Einiges, was nicht zu meinem Unternehmen oder meinen Geschäftsprozessen passt, werde ich nicht von der Stange kaufen können. Hier wird auch noch einige Zeit "Einzelfertigung" gefragt sein.

Vielleicht ist die Zeit der Kathedralen doch noch nicht ganz vorbei. Alles kann und wird auch in absehbarer Zeit nicht aus der Wolke zu beziehen sein. Aber die Kathedralen werden kleiner, funktionaler und schneller gebaut werden. Und das senkt die Kosten.

Es werden sicher demnächst mehr vorgefertigte Komponenten verwendet werden. Denn die industrielle Fertigung macht auch vor Kathedralen nicht halt. Aber, passgenau müssen die Komponenten sein. Von Anfang an.

1.9 Kannibalen auf der Jagd

Am 22. März 2010 von Martin Reti

Ich denke ja immer an einen weißen Mann mit Tropenhelm, Marke Livingstone, der in einem Kessel mit moderat köchelndem Wasser sitzt (aus dem in der Regel leichte Wölkchen aufsteigen), wenn ich das Wort Kannibale höre. Interessanterweise hat die IT-Branche mir dieses Bild noch nicht ausgetrieben. Ein Wunder, so häufig, wie der Begriff dort fällt ("kannibalisiert das Geschäft XY").

Als ich heute morgen aufstand, hatte ich eine Offenbarung: Plötzlich war mir klar, warum Cloud Computing so ein überaus wichtiges Thema ist. Meine aus dem Halbtaumel geborene Annahme: Klar, wenn Cloud Computing sich Marktanteile erobert, dann geht das nur auf Kosten vorhandenen IT-Geschäfts. Schöne Beispiele dafür gibt es zu Hauf, so dass ich beim Frühstück noch ein überzeugter Anhänger dieses Gedankens war. Success Factors verdrängt SAP bei Siemens, Google verdrängt Microsoft-Produkte etc.

Und wer kommt schon auf die Idee, ganz neue Funktionalitäten nur auf Cloud Computing Basis zu installieren? Naja, vielleicht ein paar Startups oder ein paar Garagenfirmen-Einmann-Unternehmen, die mit Mashups dem großen Traum vom großen Geld hinterher jagen. Aber im „echten" Business bei Großunternehmen? Vielleicht mal ein Versuch für eine dynamische Webseite wie bei BMW …

Zum Umdenken brachte mich erst eine Aussage aus einem anderen Winkel der Welt: Zwischen 1800 und 1900 hatte sich das Wissen der Welt verdoppelt, von 1900 bis 2000 verzehnfacht. Heute entsteht alle vier Minuten eine neue medizinische Erkenntnis, alle drei Minuten wird ein physikalischer Sachverhalt entdeckt und (Fanfare) jede Minute wird eine neue chemische Formel entwickelt. Ab dem Jahr 2050 wird die Verdopplung des Wissens nicht mehr in Jahren, sondern in Tagen gemessen. Mal schauen, ob unsere Zivilisation solange durchhält …

Unter dem Strich macht das Cloud Computing global gesehen nicht zu einer interessanten Sourcingalternative, … sondern zu einer essenziellen Entwicklung, ohne die die Wissens- und Informationsgesellschaft nicht überleben wird. Und es fällt mir auch leicht, mir vorzustellen, was aus den Wäldern würde, wenn alle diese Informationen tatsächlich auf Papier gebannt werden müssten (da wirkt IT wirklich green).

Ohne Cloud geht es wohl nicht in die Zukunft.

1.10 Elementarteilchen

Am 5. April 2010 von Martin Reti

Rumms! Ich beginne meine Ausführungen gerne mit Explosionen. das sichert die Aufmerksamkeit – auch wenn die Zuhörer bisweilen doch sehr klagen, dass sie meinen Ausführungen nicht mehr lauschen können. Seien Sie also froh um die IT – sie hat in diesem Fall Ihr Trommelfell vor Schlimmerem bewahrt.

Bestimmt haben Sie schon mal von Photonen gehört – das sind diese Teilchen, aus denen das Licht besteht – zumindest wenn man sich eine einseitige Weltsicht zu eigen macht*. Wenn diese Teilchen in die Nähe schwerer Atomkerne geraten, passiert etwas Interessantes: Das Photon mutiert zu zwei anderen Elementarteilchen, einem Elektron und einem Positron, die nun ihrerseits Ihrer ungewissen Wege in die Zukunft gehen.

Genau das geschah am Heiligabend 1990, als Tim Berners-Lee das Internet "erfand". Die geradlinige Entwicklung der IT beginnend bei den großen Mainframes über die Client/Server-Systeme bis hin zu den für echte Menschen erschwinglichen Heim-PCs bekam einen Knick. Oder besser aus einer Entwicklungslinie wurden zwei. Genauso wie bei unserem obigen Photon.

In der Folge entstanden zwei Computeruniversen. Mit nur wenigen Berührungspunkten. Das eine verfolgte die klassische Linie weiter und griff höchstens zu einem obligaten Webpräsenz ("Das muss man halt haben – das ist irgendwie gut"). Das andere entwickelte das Internet mit seiner Angebotsfülle, wie wir es heute kennen.

Schon damals hieß es, mit dem Internet könne man Geld verdienen. Nachdem die Blase platzte (wieder eine Explosion ...) und die Gemüter manches Goldgräbers in Depression verfiel, wurden die Grundlagen für existente Internetangebote gelegt. Die Überlebenden von damals sind die Protagonisten, die Cloudspieler von heute.

Und diese schicken sich nun, in den Tagen des Cloud Computing, an, den klassischen Entwicklungspfad zu attackieren. Ihre Maxime heißt: "Business ins Internet – und zwar komplett". Cloud Computing markiert also letzten Endes nichts anderes als eine radikale Ausrichtung auf das Internet. Und auf dieser Basis werden auch die aktuellen Diskussionen um Sicherheit etc. verständlicher.

Kein Wunder postuliert der Bitkom in seinem Cloudpapier, dass manche Unternehmen sich in zehn Jahren komplett von eigenen Rechenzentrums-Ressourcen getrennt haben könnten. Das ist die letzte Konsequenz des Web-Gedankens. Doch – auch dieser Gedanke muss erlaubt sein – das bedeutet eine vollkommene Abhängigkeit vom Anbieter. Im besten Fall die vollkommene Abhängigkeit von vielen Anbietern. Dazu gehört Vertrauen – und zwar ziemlich viel davon. Denn welcher Trapezkünstler hängt schon gerne ohne Fänger in der Luft?

Ich denke, das Internet ist noch nicht so weit in puncto Vertrauenswürdigkeit. Aber die Zeiten ändern sich und werden sich weiter verändern. Aber bis es so weit ist, sind persönliche, langfristige, vertrauensvolle Geschäftsbeziehungen ein Pfund im Wettbewerb.

Und damit hätten die Photonen wieder ein wenig des Cloud-Nebels durchdrungen.

1.11 Gefangen im Bann der Relativitäten

Am 27. April 2010 von Michael Pauly

Alles ist relativ, sagte schon der große Albert Einstein. Die Universalität dieser Aussage findet sich natürlich auch im Clouduniversum bestätigt. Die relative Position von Anbietern und Angeboten und deren Wanderungsbewegungen in und zur Cloud oder vielleicht auch (wie die Katze um den heißen Brei) außen herum, werden vor dem Gesetz der Relativität verständlicher. Natürlich möchten nur die wenigsten Anbieter sich neu erfinden, aber viele bewegen sich zumindest portfolio-seitig. Und einige wenige denken sich: "Wir werden auch von diesem Hype genesen" und kleben ihr Cloudetikett an Web- oder Hosting-Lösungen dran.

Da lobe ich mir doch die gute alte Standortbestimmung mit Karte und Kompass oder auch mit Hilfe eines GPS. Sobald ich hier meinen Standpunkt eingenommen habe und diesen weitergebe, dann weiß jeder sofort Bescheid. Im Clouduniversum der Relativitäten sieht das aber leider alles ein wenig anders aus. Vielleicht wegen des unvermeidlichen Nebels? Wo der Anbieter sich befindet, weiß der Außenstehende (und manchmal vielleicht auch das Unternehmen selbst) im Normalfall nicht so genau. Eine "Cloud-Karte" gibt es noch nicht. Mal abgesehen von einer mehr als groben Einteilung nach dem XaaS-Prinzip und der Bewegung in Wolken verschiedener Konsistenz (privat, virtuell privat, managed, public, hybrid, community).

Das ist vergleichbar damit, dass ich meinem Gesprächspartner, mit dem ich mich treffen möchte, den Kontinent unseres Treffens genau angebe ("sagen wir Afrika – das passt mir im Juli ganz gut"). Mehr nicht. Natürlich gefolgt von der Bemerkung: "Sei bitte pünktlich." Naja, so kommen wir nicht richtig weiter. Erhellend könnte sein zu wissen, wo der Cloud-Anbieter herkommt. Insofern nicht zu viele Umbrüche in der Unternehmenshistorie zu verzeichnen waren, sollte sich das herausfinden lassen. Dabei zeigt sich schnell, wie radikal oder zaghaft der (vollzogene) Schritt in die Wolke ist.

Die Herkunft der Cloud-Anbieter ist recht unterschiedlich. Die einen haben ihre Wurzeln im Internetbusiness, meist im Consumermarkt. Die anderen kommen aus dem Bereich Outsourcing und bewegen sich von dort aus in die Cloud. Wieder andere starteten als Hard- oder Software-Hersteller oder als Anbieter von Telekommunikationsleistungen. Letztere haben sogar Erfahrung mit der wichtigsten aller Cloud-Komponenten, dem Netz. Denn, ohne Netz kein Cloud Computing. So einfach ist das.

Schon alleine der Unterschied zwischen "ehemals" Internet oder "klassischem" Anbieter (auch inhouse-Dienstleistern) zeigt klar das Fundament, auf dem der aktuelle Diskurs ausgetragen wird. Ihm sind die unterschiedlichen Auffassungen z.B. zu den Themen Verfügbarkeit, Sicherheit (insbesondere die permanente Diskussion um Datensicherheit und Datenschutz), SLAs und Servicemanagement geschuldet. Zwei Welten begegnen sich – und wie´s scheint, ist es ein Heimspiel für die Internet-Fraktion.

Angebote von der "ehemaligen" Internetseite wurden ausgelegt auf eine Vielzahl von Anwendern meist aus dem Consumer-Umfeld. Dass hierbei nicht unbedingt eine sehr hohe Verfügbarkeit des Service und sehr detaillierte (meist über mehrere Seiten) ausformulierte SLA-Verträge im Vordergrund stehen, versteht sich fast von selbst … Das ist auch ein Element von Standardisierung, die mit Cloud Computing gerne einher geht. Die traditionellen Outsourcer und inhouse-Dienstleister reagieren, indem sie Dynamik in ihre Geschäfts-, Preis- und Liefermodelle bringen. Sehr zur Freude ihrer Kunden.

Wenn ich mir das so betrachte, wird mir einiges klar. Es wäre ein Wunder, wenn es vor dieser Historie eine einheitliche und von allen akzeptierte Cloud-Definition gäbe. Letztendlich ist eine klare Definition aber nicht so wichtig. Das Angebot ist entscheidend. Und was sich hierbei durchsetzt, das entscheidet der Kunde.

1.12 Wer bietet früher?

Am 11. Mai 2010 von Martin Reti

Ich glaube, ich hatte schon mal über das Kräftemessen pubertierender Halbstarker geschrieben. „Unser Auto hat 180 PS", „Unseres hat 220", „Aber mein Papa fährt Porsche, weißt Du – mindestens 1000 PS" „Boah ey" …

Nun ist ja wohlbekannt, dass die IT-Branche von wenigen Ausnahmen abgesehen eine Sache für echte Männer ist. Und da sind natürlich Testosteron-gesteuerte Verhaltensmuster an der Tagesordnung. In unserem Fall läuft der Inszenierungs-Reflex in etwa so ab: „Wir sind ja schon seit 3 Jahren in der Cloud", „Wir seit 5", „seit 10" „seit 100 …". Ich bin sicher, Sie erkennen das Muster leicht wieder.

Was waren wir bei T-Systems stolz, als wir erkannten, dass unser erster Kunde 2004 „in die Wolke" ging. Aber natürlich konnte das nicht das Ende gewesen sein. 1999 sei ein bekannter on premise-ISV in die Wolke gegangen, 1996 ein bekannter Anbieter von SaaS. Die Cloud – ein Kind der Neunziger? Das ist sicher von irgendeinem Standpunkt aus betrachtet richtig. Der Standpunkt lautet: Internet = Cloud Computing. Ich selbst war übrigens bereits 1992 in der Cloud, der Kollege Pauly darf gar als Cloudpionier gelten. Er kaufte sein erstes Modem (besser gesagt einen Akustikkoppler) in den 80ern des letzten Jahrtausends. Und ich glaube, damit darf er einen ähnlichen Koryphäenstatus genießen wie Neil Armstrong in der Kategorie „Walking on the moon". Sprechen Sie ihn aber bitte nicht darauf an. Er sieht das Thema Cloud Computing etwas „enger" als manch anderer. ;-)

Nachdem zuerst die Cloud-Definition so wolkig gestaltet wurde, dass jeder mitmachen kann, ist jetzt der Start in die Cloud dran. Sprich: Jeder war der Erste. Warum auch immer … Es ist offensichtlich schick, der erste gewesen zu sein. Das schafft Vertrauen und unbestreitbar geht mit Länge des Engagements auch ein Mehr an Erfahrung einher. Aber ob die Liveschaltung eines Webauftritts, der Aufbau eines Heimnetzwerks oder die fehlerfreie Bedienung meiner Handytastatur beim Simsen mich für Cloud Computing empfiehlt, darf dahin gestellt werden.

Ich vermute, am Ende wird IBM ohnehin das bessere selbige für sich haben. Denn die haben ja wohl den Großrechner erfunden. Und bevor die kleinen Alternativbauten auf die Idee mit der Virtualisierung („eine Schlüsseltechnologie auf dem Weg in die Cloud") kamen, war die bei IBM schon „all inklusive". Die Cloud also der bessere Mainframe? Die Welt der Wolken ist voller Überraschungen …

1.13 Ja, wo laufen Sie denn?

Am 27. Mai 2010 von Martin Reti

Ich kann nicht mehr genau sagen, wie Loriots Charakter hieß, der so herrlich dösbaddelig auf der Rennbahn stand und durch das Fernglas spähte: "Wo laufen Sie denn, wo laufen Sie denn hin?" Aber ich fühle mich anno Cloud Computing stark an ihn erinnert.

Immer wieder kursieren Listen durch alle verschiedenen virtuellen und realen Räume, in denen die Zuordnung beliebiger Projekte zu Deployment und Delivery Models vorgenommen wird. "Projekt Vendorpartner ist eine public Cloud PaaS, während CustomerACME ein private cloud SaaS ist". Etcpp.

Scheint schon so was wie eine Zwangsneurose zu sein. Vielleicht gibt sogar die Brigitte demnächst eine dieser praktischen Drehscheiben heraus, in denen man sich seine Wunschcloud-Kombi zusammenkurbeln kann – mit passender Anbieterauswahl, versteht sich. Ich werde versuchen, so was als Giveaway machen zu lassen ;-).

Aber je mehr die Kundenprojekte um der Klarheit und Ordnung willen argumentativ hin- und hergeschoben werden, desto geringer der Mehrwert – und die Klarheit. Aber andererseits: Brauchen wir diese Ordnung überhaupt? Zählt nicht eher der Nutzen, der dabei herausspringt, egal, wie das Kind nun heißt?

Und überhaupt … wenn sich ein Unternehmen mit bestehender IT-Landschaft für ein public Cloud-Angebot entscheidet, hat es dann automatisch eine hybride Cloud kreiert? Oder braucht man da zusätzlich noch ein bisschen Kleber oder eingekaufte Kleberproduzenten? Wo ist sie denn, die hybride Cloud? Ich meine, rein physisch. Aus meiner Sicht haben wir hier die höchste Stufe der Virtualisierung erreicht. Eine Cloud, die eigentlich physikalisch gar nicht existiert. Wie so ein Neutrino … gibt´s wohl irgendwie, aber man kann es nicht anfassen.

Oder haben Sie einen Vorschlag, wo die hybride Cloud lebt? Ist sie Bestandteil der eigenen Rechenzentrums-Kapazitäten oder der des Providers: des langjährigen Outsourcing-Providers, der die Wolkenkapazitäten dazu integriert oder des neuen Cloudproviders, der seine Rechenzentren in den Schwaden der globalen Cloud unterhält? Oder hat sie ihre eigenen Server - access only for hybrids.

Oder lebt die hybride Wolke am Arbeitsplatz des Nutzers? Womöglich darin, dass er Daten mit STRG+C, STRG+V von einer Anwendung (public) in die andere (klassisch oder privat) importiert? Oder existiert sie in den Kabeln des Netzes – wo sich ja quasi dauernd auch ein beachtlicher Teil der Daten tummelt. Eng wird´s da langsam …

Bitte helfen Sie mir. Ich möchte doch nicht rufen müssen: “Ach, ist das schön, ach, ist das schön, ach, ist die Wolke schön grün …”

“Bei mir ist alles dunkel” – aber vielleicht halte ich das Glas auch nur falsch herum …

2 Cloud Computing: Basics

„Eine gute Basis ist der Anfang des Erfolgs ...“

(ungenannter Baumeister von Pisa)

2.1 Wie grün ist die Wolke?

Am 16. Dezember 2009 von Michael Pauly

Bei grünen Wolken denke ich immer zuerst an ein Chemielabor, in dem gerade was schief ging. Dann taucht eine Gestalt mit zerzausten Haaren und schwarzem Gesicht aus den Schwaden ...

Ganz anders, nämlich sehr sauber geht es nicht erst seit Neuestem in Finnland zu: Dort entsteht ein Rechenzentrum in einem ehemaligen Luftschutzbunker, das die Nachbarschaft mit heißem Wasser versorgt. Im Land der Saunasüchtigen und Dampfbadophilen sicher eine Spitzenidee. Sogar eine Vorzeigeidee. Aber wird die IT dadurch grüner, dass man die Abwärme nachnutzt?

Nach den Runden in Kyoto und Kopenhagen müssen die guten Vorsätze in puncto Klima (möglichst schnell) umgesetzt werden. Doch was hat das mit Cloud Computing zu tun? Eine ganze Menge! Denn die Wolke besitzt reichlich grünes Potenzial.

Cloud Computing bedeutet Virtualisierung, Automatisierung und Standardisierung. All dies trägt bei intelligentem Einsatz dazu bei, dass durch die gemeinsame Nutzung weniger (Hardware-)Ressourcen benötigt werden. Weniger Hardware bedeutet weniger Ressourceneinsatz bei der Produktion, beim Transport zum Kunden und auch letztendlich beim Betrieb. Und wo etwas gespart wird, da wird die Wolke etwas grüner.

Automatisierung bringt zum einen Schnelligkeit, zum anderen weniger Fehler als bei einem manuell gesteuerten Betrieb. Alles, was dann zur Fehlerbehebung benötigt wird, kostet nicht nur Zeit (die ja bekanntermaßen Geld ist), sondern auch Ressourcen.

Kostenreduzierung und Austauschbarkeit kennzeichnen die Standardisierung. Letzteres spart natürlich keine Ressourcen. Aber, standardisierte Komponenten können später leichter gegen umweltschonendere ausgetauscht, wenn es solche gibt.

Wo Licht ist, da ist auch Schatten. Denn, auf der anderen Seite bietet Cloud Computing Flexibilität, Dynamik und Skalierbarkeit. Hierzu ist eine Reihe von aktuell ungenutztem Equipment vorzuhalten. Damit verbunden ein entsprechender Bedarf an Energie, die aktuell nicht für den produktiven Einsatz verwendet wird.

Aber sind wir mal ehrlich. Ein erfahrener Provider kann und wird ganz anders planen als eine IT-Abteilung in einem (kleinen) Unternehmen. In einer Cloud lassen sich echte Synergien erzielen; dadurch dass viele Nutzer auf einer gemeinsam gemanagten Infrastruktur bedient werden und so der Energieaufwand reduziert wird.

Mein Fazit: Cloud Computing besitzt "grünes Potenzial" im Vergleich zum Eigenbetrieb oder "klassischen" Betrieb. Allerdings müssen die für Cloud Computing verwendeten Datacenter genauer betrachtet werden. Hier befindet sich noch einiges im (grünen) Dornröschenschlaf. Die notwendigen Ansatzpunkte werden jetzt ermittelt. Datacenter der Zukunft heißt das Zauberwort und gleichzeitig die Herausforderung. Wir packen das an mit dem Datacenter 2020.

Wird die Cloudwelt damit auf jeden Fall grün sein? Wer's glaubt, … braucht meinen nächsten Blogbeitrag nicht lesen. Denn natürlich gibt es auch noch eine zweite Seite der Medaille …

2.2 Saisonal gute Vorsätze

Am 22. Dezember 2009 von Michael Pauly

Jahresabschluss. Ich räume mal wieder meine Mailbox und auch meine Projektordner auf. Entsorge Mails und Dateien, die veraltet sind (wenn man nur wüsste, welche das sind) oder archiviere andere Vertreter (von denen ich annehme, dass ich sie wieder brauchen sollte). Komisch eigentlich, dass man immer zum

Jahresende Kehraus macht. Als ob dem 31.12. oder dem 1.1. eine besondere Magie innewohnt. Die ja bekanntlich auch die berühmten guten Vorsätze hervorbringt.

Wo wir schon bei guten Vorsätzen sind. Ein bisschen mehr für unsere Umwelt zu tun wäre auch nicht schlecht. Also, ab in die Cloud. Denn die Wolke ist ja schließlich grün, oder? Das habe ich zumindest letztes Mal geschrieben.

Aber das stimmt gar nicht. Zumindest nicht uneingeschränkt. Cloud Computing ist so grün, wie die Nutzer es machen. Auch hier ist ein umsichtiger Umgang mit Ressourcen notwendig. Also, wieder einen guten Vorsatz fassen: "Vorm Cloud benutzen Gehirn einschalten."

Aber das macht niemand. Außer Ihnen natürlich, sorry! Also richtiger: Ich tue es nicht. Und warum? Die Wolke ist ein großer Selbstbedienungsladen – zumindest für den Privatmenschen. Im Business reden wir immer von den Kostenvorteilen der Cloud. Aber tatsächlich vergleichen wir zu gern mit der Erfahrung, die wir privat machen. Und da ist tatsächlich alles umsonst. Und genau das macht ja den Reiz der Wolke aus. Ein riesiger Jahrmarkt der Möglichkeiten.

Und Sie wissen, wie es ist: Je mehr Angebote in unserer "Flatrate" drin sind, desto eher neigen wir dazu, diese auch auszunutzen. Oder haben Sie sich schon mal gefragt, wieviel Energie eine Googlesuche verbraucht? Antwort: Eine Stunde Licht aus einer Energiesparlampe. Wenn man mal überlegt, wie schnell 10 Suchbefehle abgesetzt sind …

Für das Business darf Ähnliches gelten: Je einfacher, schneller und kostengünstig zusätzliche Ressourcen verfügbar sind, desto schneller werden die guten Vorsätze auch wieder über Bord geworfen – und desto ungrüner wird der Cloudansatz. Neuer Speicherplatz oder neue Server stehen ja schnell zur Verfügung. Und es fällt auch nicht so auf, wenn da z.B. ein bisschen Speicher mehr benötigt wird.

Wo Cloud ist, da ist auch Masse. Alles andere ist widersinnig. Und wie wir alle wissen: Die Masse macht's. Wenn nach einem Umstieg auf Cloud die Kosten tatsächlich sinken, mag mancher sicher großzügiger mit dem Ressourceneinkauf sein. Aber wenn man sich in wenigen Jahren an das neue Niveau gewöhnt hat, schaut man sich die Rechnung auch dort genauer an.

Erst bei der nächsten Kostendämpfungsrunde wird auch die Wolke grün werden. Bis dahin (und darüber hinaus) hilft eigentlich nur eins: vorausschauende Planung. Das ist auch sinnvoll, damit wir uns nicht in ein paar Jahren unübersichtliche – historisch gewachsene – Servicestrukturen in der Cloud (falls sie dann noch so heißt) aufgebaut haben.

Im Enterprise-Umfeld werde ich mit jeder Rechnung daran erinnert, noch einmal über die Menge der bezogenen Services nachzudenken. Eine ähnliche Wirkung hat auch die Abbuchung des Mitgliedsbeitrages meines Fitnessstudios (Ich wollte eigentlich schon im letzten Jahr wieder etwas mehr Sport gemacht haben).

Mal sehen wie lange die guten Vorsätze dieses Mal halten. Aber jetzt muss ich erstmal meine Mailbox von Ballast entlasten. Entsorgung von Datenmüll – ein erster Schritt hin zu grüner IT.

2.3 Ready for Take-Off?

Am 12. Januar 2010 von Michael Pauly

Neues Jahr, neuer Start und jede Menge gute Vorsätze (oder was nach zwei Wochen noch davon übrig ist). Und jetzt geht es mit vollem Schub ab in die Wolken, bzw. in die Cloud. Wenn man den Anbietern von Cloud Services glauben mag, dann gibt es nichts Einfacheres für Unternehmen als auf einen solchen zurück zu greifen. Also, rein, durchstarten und …

… los geht's, oder nicht? Wenn es wirklich so einfach wäre, müsste die Cloud bereits überfüllt sein. Also, woran liegt es? Mal abgesehen von den üblichen "Kleinigkeiten", wie z.B. Sicherheit, Verfügbarkeit, etc., die sonst immer genannt werden.

Vielleicht denke ich manchmal einfach nur zu kompliziert. Für mich ist Cloud Computing eine von mehreren möglichen IT Sourcing-Strategien. Und wenn ich jetzt zwischen diesen wechsle, muss ich die vorab planen, Services migrieren, Prozesse anpassen oder einfach formuliert: Ich muss vorher genau nachdenken und wissen, was ich will und was ich tue. Cloud ist kein Selbstläufer der Marke “Alles wird gut”. Planung ist gefragt. Es gibt halt Errungenschaften der “alten IT-Welt”, die durch Cloud Computing nicht obsolet werden.

Beim Fliegen setze ich mich auch nicht einfach in ein Flugzeug hinein und schaue dann mal, wohin die Reise geht. Das funktioniert weder als Passagier, noch wenn ich das Flugzeug selber fliege. In Sachen Cloud Computing ist das nicht anders.

Am besten funktioniert der Schritt in die Cloud, wenn ich auf die Erfahrung und Expertise eines Partners zurückgreifen kann. Apropos Berater, wenn ich sehe, dass es für “einfach” zu verwendende Cloud Services eine ganze Reihe von Beratern gibt, die ihre Unterstützung anbieten, dann kann die ganze Sache doch nicht so einfach sein, oder?

Je länger ich darüber nachdenke, desto weniger bin ich davon überzeugt, dass Unternehmen so einfach und so schnell wie oft gesagt mit ihren produktiven Umgebungen in die Cloud wechseln können. Hier ist vorab einiges an Arbeit und Gehirnschmalz zu investieren. Und auch einen Plan B für den “Notausstieg” sollte es immer geben.

Wer in die Wolken will, braucht eine gewisse Zeit am Boden, um den Flieger in die richtige Position bringen, zu beschleunigen und abzuheben, bevor man in die Wolken kommt. Und selbst dabei kann es ab und zu holpern, so meine Erfahrung, oder?

2.4 License to kill

Am 22. Januar 2010 von Michael Pauly

Lizenzen sind immer ein ganz besonderes Thema. Egal ob bei James Bond als Agent mit einer Doppelnull-Lizenz oder in der Eckkneipe mit der Lizenz zum Bierausschank. Lizenzen sind verbunden mit Geld und oftmals auch mit Macht. Nicht anders ist dies bei Softwarelizenzen.

Dabei sind Softwarelizenzen doch recht einfach. Man zahlt etwas und darf die Software dafür nutzen. Wie viel man zahlt, hängt oft von einer Vielzahl von Kriterien ab: der Art und Anzahl der CPUs im Server, der Anzahl der Nutzer, vom Land, in dem man sich befindet etc.

All das sind Parameter, die auch im Zeitalter von Cloud Computing sinnvoll, schnell und einfach zu bestimmen sind. So weiß ein guter CIO heutzutage immer im Voraus, wie viel CPU-Ressourcen er in den nächsten Monaten braucht, wie viele User in seinem Unternehmen mit der Applikation arbeiten werden und von wo aus. Vielleicht stiehlt sich angesichts solcher Planbarkeit ein ironisches Lächeln in Ihr Gesicht. Die Realität antwortet auf solche Annahmen: "Weit gefehlt!"

Natürlich ist das nicht alles bekannt und schon gar nicht über Monate im Voraus. Hier treffen die "alte" und die "neue" Welt aufeinander. Cloud Computing adressiert die "neue" Welt. Und dafür benötigt Cloud Computing auch flexible und dynamische Lizenzmodelle. Denn die haben einen elementaren Einfluss auf Kosten und Preise.

Bislang zielte das Geschäft mit Lizenzen darauf ab, (möglichst) viel Geld zu verdienen. Dem entgegen steht die Idee des Cloud Computings: Applikationen und Ressourcen, die ich nicht benutze, bezahle ich auch nicht. Ergo auch kein Geld für Lizenzen, wenn die Anwendung nicht benötigt wird. Mal sehen, wer sich durchsetzt.

Dass der Trend Cloud Computing Kraft hat, sehen wir daran, dass Bewegung in den "Lizenzmarkt" kommt. Softwareanbieter bewegen sich hin zu "flexibleren" Lizenzmodellen, zu as-a-Service Lösungen, die die Nutzung stärker adressieren. Übrigens ein klassischer Vorteil vieler Open Source Modelle. Aber solange die alten Modelle greifen ("zahl pauschal für alles, auch wenn Du es nicht nutzt"), können diese die in der Wolke entstandenen (Kosten-)Vorteile schnell zunichte machen.

2.5 Mischen impossible?

Am 29. Januar 2010 von Michael Pauly

Herausforderungen sind doch etwas Gutes. Man bleibt flexibel. Man bleibt dynamisch. Auch dann, wenn es darauf ankommt. Und Cloud Computing bietet eine ganze Reihe von Herausforderungen. Eine davon ist Sicherheit.

Früher (im Prä-Cloud-Zeitalter) als ich mich mit Sicherheit beschäftigte, war es hin und wieder eine gute Idee über Redundanzen bzw. eine Dual-Vendor Strategie sowohl die Sicherheit als auch die Verfügbarkeit des Gesamtsystems zu erhöhen. Wieso sollte das nicht auch heute funktionieren?

Also, rein in die Cloud. Zwei (fast) identische Cloud-Services auswählen und dann einfach zu einem kombinieren. Oder, zur Absicherung meiner eigenen Unternehmens-IT einfach einen Cloud-Service nutzen. Beide kombinieren. Und los geht's.

Vorab sind nur noch ein paar Dinge zu klären: Wie kopple ich die beiden Services? Wie sieht es mit einem Quality of Service aus? Gibt es einen übergreifenden SLA? Wie vermeide ich bei Fehlern eine gegenseitige Schuldzuweisung der jeweiligen Anbieter? …

Ähnliche Fragen tauchen auf, wenn ich meine eigenen IT-Services mit einem Cloud-Service ergänzen möchte. Sei es aus Sicherheits- / Verfügbarkeitsgründen oder nur deshalb, weil der vom Unternehmen benötigte Service so weit vom angebotenen Cloud-Standard entfernt ist, dass dieser nicht genutzt werden kann.

Eine genaue Betrachtung der zurzeit von unterschiedlichen Providern angebotenen Cloud-Services zeigt jedoch, dass eine (enge) Kopplung zu einem "neuen" Service von Kundenseite aus oft nur eingeschränkt möglich ist. Nicht viel anders sieht es aus, wenn ein Unternehmen (Web-)Services aus der Cloud mit eigenproduzierten IT-Services mischen möchte.

Hier fehlen zurzeit noch entsprechende standardisierte Schnittstellen über die solche Kombinationen schnell möglich wären. Aber daran arbeiten, wenn man Cloud-Providern Glauben schenkt, schon viele. Ergo, wird es nicht mehr lange dauern und es wird diese geben.

Damit dürften dann auch solche Themen wie Vendor-Lockin schnell der Vergangenheit angehören. Denn, sobald es standardisierte Schnittstellen gibt, komme ich ja (immer) an meine Daten und kann diese somit auch jederzeit zu einem anderen Anbieter übertragen, oder?

2.6 Up, up and away ...

Am 16. Februar 2010 von Michael Pauly

Das Schöne am Cloud Computing ist, dass man sich um unwichtige Dinge nicht mehr kümmern muss. Das geschieht einfach und sicher automatisch. So können meine Cloud-Services mal hier, mal dort produziert werden. Alles vollständig dynamisch. Oder wie der Grieche sagt: Pantha rhei – alles fließt.

Aus Sicht des Cloud-Providers ergibt das durchaus Sinn. Ich produziere dort, wo es zurzeit am günstigsten ist. Ob ich jetzt nach dem "Follow-the-Moon"-Prinzip immer hinter dem günstigsten Nachtstrom herreise oder meine Anwendungen dort administrieren lasse, wo es billig ist. Das Resultat ist: Wenn ich Cloud Computing richtig lebe, dann wird vieles (vielleicht sogar alles) immer in Bewegung sein.

Aber will ich das wirklich? Denn je weiter entfernt meine IT-Services produziert werden, desto länger werden die Laufzeiten (Latenzen). Im "worst case" geht mein Cloud Service auf Wanderschaft rund um den Erdball und bleibt vielleicht auf den Bermudas hängen, weil es ihm da so gut gefällt.

Spaß beiseite: Auch wenn die Cloud vieles verändert, Naturgesetze gelten selbstverständlich auch in der Cloud und lassen sich weder durch militärische, politische oder visionäre Intervention beeinflussen oder wegdiskutieren. Und das bedeutet im konkreten Fall, dass ein Service z.B. wegen eines Timeout nicht verfügbar oder zumindest wenig performant ist – auf gut Deutsch, das Arbeiten damit macht einfach keinen Spaß.

Ich gebe zu: Die meisten Anwendungen wird das nicht stören. Aber es gibt einige Unternehmensapplikationen, bei denen es in der Tat auf Lauf- und Antwortzeiten ankommt. Darauf wiederum wird nun manch einer antworten: "Aber das weiß ich vorher und wenn nicht, dann probiere ich es einfach aus".

Wissen und vorher genau hinsehen, ist immer gut. Beim Ausprobieren sollte aber auch berücksichtigt werden, dass die Situation in einer dynamischen Umgebung nicht unbedingt reproduzierbar ist. Im Testfall könnte der Service ja in München produziert werden, während im Wiederholungsfall die Bermudas oder Feuerland rufen (Ok, das sind nicht gerade Ecken, die für ihre Rechenzentren bekannt sind, aber ich denke, Sie verstehen, was ich meine).

In der Cloud sind also ähnlich wie in der Quantenmechanik Ergebnisse nur dann valide, wenn sie oft genug getestet werden, wenn sie in den Bereich statistischer Wahrscheinlichkeiten geraten. Das kann aber natürlich trotzdem bedeuten, dass später im Wirkbetrieb das eine oder andere Mal Probleme auftreten. Es ist sogar wahrscheinlich.

Wie hoch die Wahrscheinlichkeit ist, lässt sich wohl über einen Service Level abbilden. Und jetzt müssen wir die Diskussion über einen Quality of Service in komplexen Umgebungen anschließen. Aber das machen wir wohl ein andermal.

Ergo, bevor ich mit meiner Anwendung in die Cloud gehe, sollte ich genau wissen, was sie braucht. Denn einen Quality of Service bietet Cloud Computing heute so noch nicht. Aber das wird noch kommen, oder? Und bis dahin machen wir im Zweifelsfall doch ein paar Abstriche am Cloudtheorem – oder an der Nutzerfreundlichkeit …

2.7 Die Finanzkrise ist vorbei!

Am 23. Februar 2010 von Michael Pauly

Endlich, endlich schlagen andere Suchbegriffe bei Google das Stichwort "Finanzkrise". Beispielsweise "Olympische Winterspiele 2010". Ergo, die Krise ist vorbei. Ich dachte schon, das Thema würde noch länger dauern und ich müsste mich damit ernsthaft auseinandersetzen. Mit der Krise verliert Cloud Computing einen seiner besten Aufhänger. Ist das jetzt der Todesstoß für Cloud Computing? Krise kaputt, Cloud kaputt?

Mitnichten. Cloud Computing wird heute mehr denn je als die Antwort auf alle IT-Fragen gehandelt. Denn der Tenor vieler Anbieter ist: Ersetze einfach bestehende IT durch Cloud Services. So werden Kosten eingespart, die IT wird flexibler, das Business dynamischer.

Aus der Ferne betrachtet ist es sicher so einfach. Aber, wenn ich näher herangehe, dann ist das nur die Spitze des Eisbergs, die ich da sehe. Denn mit dem Einsatz von Cloud Computing ist es wie beim Autotuning. Durch den einfachen Austausch von einigen Teilen erhalte ich noch keinen "Rennwagen". Naja, mein Kleinwagen klingt zumindest wie ein Rennwagen, wenn ich einen entsprechenden Auspuff dran schraube … oder abschraube.

Manchmal hilft ja die Vorstellungskraft, aber echte Optimierung sieht anders aus. Ich muss immer den Blick aufs "Gesamtkunstwerk" haben und dann müssen alle Komponenten sauber aufeinander abgestimmt sein. Lediglich ein paar Chromteile und etwas Politur helfen da nicht.

Aber dann muss ich auch genau wissen, was ich will und worauf es ankommt. Wenn Prozesse im aktuellen Zustand nicht optimal sind, werden sie durch Cloud Computing auch nicht besser. Allenfalls nur etwas billiger. Aber auch das ist nicht gesagt.

Da ist dann Umdenken und Umorientieren angesagt. Also, ran an die Unternehmensabläufe und Prozesse. Die Cloud-Ära fordert zum Ausmisten auf. Das hätte man zwar schon letztes Jahr machen können, aber jetzt hat man einen Vorwand. Ich kam, sah und vereinfachte. Und dabei werfe ich gleich über Bord, was nicht mehr gebraucht wird. Weg mit den alten Zöpfen. Wann bietet sich sonst die Möglichkeit, sich von längst Überholtem zu verabschieden? So wird Cloud Computing zum Türöffner für eine Diskussion, die Fachabteilungen und IT-Abteilungen schon längst hätten führen sollen.

Mein Fazit: Einfach mal über den Tellerrand hinausschauen. Cloud Computing bietet die Möglichkeit hierzu. Das gesamte Potenzial, das in den Wolken steckt, kann ich nur heben, wenn es mir gelingt, in einer ganzheitlichen Betrachtung auch die bis dato etablierten Prozesse auf den Prüfstand zu stellen und eventuell zu vereinfachen. Dann senke ich dauerhaft und nachhaltig IT-Kosten. Damit beende ich zwar dann nicht die Krise, aber ich habe gute Voraussetzungen, die nächste gut zu überstehen.

3 Sicherheit

„Bärenfallen, Pfefferkanonen und was sie sonst noch so haben ...“

(D. Duck, Multimilliardär)

3.1 Cloud Computing, aber sicher!

Am 21. Oktober 2009 von Michael Pauly

Sehr viele reden von Cloud Computing. Nein, sagen wir besser: Alle reden von Cloud Computing. Viele haben es (im privaten Umfeld) ausprobiert oder nutzen es, ohne es zu wissen. Dabei bieten die Ideen, die hinter Cloud Computing stehen, nicht nur für private Nutzer viele Vorteile: flexible und nahezu unbegrenzte Ressourcen, schnell verfügbar und wenn der Service nicht mehr benötigt wird, dann fallen auch keine Kosten mehr an. Aber, wo viel Licht ist, gibt es “mit Sicherheit” auch einiges an Schatten.

Fragt man heute Unternehmen nach den Hauptkriterien, an denen sich IT-(Cloud-)Services messen lassen müssen, dann ist Sicherheit einer dieser: Sicherheit die eigenen Daten betreffend, Sicherheit darüber, dass der Service zur Verfügung steht, Sicherheit darüber, was im Schadensfall passiert. Die Liste an Sicherheiten ließe sich nahezu endlos weiter fortsetzen.

Einige dieser Punkte können (auch) in einer Cloud umgesetzt werden, einige will Cloud Computing heute gar nicht umsetzen, wieder andere widersprechen dem Cloud-Gedanken fundamental.

Einfache (technische) Sicherheitsanforderungen können bereits heute von einigen aus der Cloud angebotenen Services erfüllt werden. Hierbei denke ich an das Speichern einer zweiten Kopie der Daten an einem (hoffentlich) anderen Ort. Auch eine Verschlüsselung der eigenen Daten ist bereits teilweise möglich.

Dabei ist jedoch zu bedenken, dass die Verschlüsselung von Daten in einigen Ländern untersagt ist bzw. nur eingeschränkt benutzt werden darf. Da bei der Nutzung eines Cloud Services oft nicht feststeht, in welchem Land die Daten sich befinden, ist in dem Moment auch nicht klar, welches (Landes-)Recht gilt.

Dies ist nur ein (kleiner) Aspekt, den Unternehmen bei der Nutzung von Cloud-Services berücksichtigen müssen. Denn das Wissen von Unternehmen liegt oftmals zu einem großen Teil auch in dessen Daten.

Bei aller Euphorie, mit der die Idee Cloud Computing in den vergangenen Monaten nach vorne gebracht wurde, dürfen die Belange von Unternehmen und die derzeitigen rechtlichen Rahmenbedingungen nicht außer Acht gelassen werden. Dies zeigt mir auch die zunehmend kritische Betrachtung des Themas in unterschiedlichen Blogs, Foren und auf Konferenzen. Deshalb: "Mit Sicherheit" Cloud, oder?

3.2 Trau, schau wem

Am 24. November 2009 von Martin Reti

Sind da nicht neulich irgendwelche Kreditkartendaten in falsche Hände geraten? Jetzt werden systematisch alle Kreditkarten, die im Spanienurlaub waren, in Rente geschickt. Stellen Sie sich mal vor, wenn Ihnen das passieren würde …

Unschön das Ganze – für alle Seiten. Mit etwas bösem Willen (und negativem Cloud Washing) hätte man Cloud Computing dafür verantwortlich machen können. Immerhin wurden die Bezahlprozesse ja komplett über Netze abgewickelt und bedarfsgerecht auf unbekannten Servern abgewickelt. Zudem gelten Internetbezahlungs-Anbieter bei manchen Analysten ja als Paradebeispiel für die höchste Ebene von „as a Service"-Geschäften („Business as a Service").

Lassen wir die Schwarzmalerei beiseite. Wir halten aber fest: Cloud Computing kennzeichnet eine Entwicklung zur „Entmenschlichung". Immer mehr geschieht automatisch, hinter den Kulissen (black box from the cloud), nur der Dienst wird wahrgenommen. Menschen unterhalten sich nicht mehr mit Menschen, sondern mit Maschinen, die sich mit Maschinen unterhalten, die sich wiederum mit weiteren Maschinen unterhalten … alles vollautomatisch.

Wäre es da nicht gut zu wissen, wer hinter dem Dienst steckt? Cloud Computing kennzeichnet auch eine Form von Beliebigkeit: Und, obwohl es die Menschen weiter voneinander entfernt, nötigt man ihnen ein Mehr an Vertrauen ab.

Das scheint mir paradox: Soll ich unbekannten Anbietern, die Dienste offerieren, die ich nicht verstehe und auf mir unbekannten Servern laufen, ein höheres Maß an Vertrauen entgegen bringen als meinem Haus- und Hofanbieter, mit dem mich seit Jahren eine Partnerschaft verbindet? Oder meinen internen Kräften, mit denen ich im Zweifelsfall telefonieren kann?

Wie kann man Vertrauen in verteilter Diensterbringung erzeugen? Über ein Gütesiegel: „Certified and trusted cloud service (provider)"? Wer könnte das ausstellen? Und wer könnte das glaubhaft am Leben halten? Und was fließt darin ein: Produktion und Lieferung nach Cloudprinzipien und/oder Zuverlässigkeit des Dienstes und/oder sicherer Umgang mit Daten? Ich bin gespannt, wer sich als Trust Provider etablieren wird. Ich denke, der Bedarf dafür ist da.

3.3 Eiswolken

Am 5. November 2009 von Martin Reti

Hurra! Heute morgen habe ich meine ersten eigenen Clouds gemacht. Ging ganz einfach. Auf dem Weg vom Bahnhof zum Büro. Bei jedem Ausatmen zeigten mir Wölkchen an, dass der Winter ins Land zieht.

Winterzeit ist Cloudzeit. Zum einen hat Cloud Computing seine Wurzeln (zumindest im übertragenen Sinne) im Weihnachtsgeschäft (bekanntlich die Zeit, für die Internet Companies ihre nunmehr mietbaren Maximalressourcen vorhielten), zum anderen sollen ja Statistiken besagen, dass die Wolkendichte (insbesondere bei den bemitleidenswerten Kollegen am Bodensee) auf Spitzenwerte ansteigt.

No risk, no fun?

Der Winter bringt aber nicht nur Wolken mit sich, sondern auch … Eis. Eis hat ja nun – das wissen die meisten Autofahrer recht genau – eine wichtige Eigenschaft: Es ist rutschig. „Gefahr!" signalisieren daher die verkehrsgeschulten Sinne beim Blick aufs Thermometer.

Was dem Autofahrer Feindbild, ist dem Wintersportler lang ersehnte Freude. Der schnappt sich seine Schlittschuhe und flitzt über das Eis dahin, manch einer springt gar lutzartig und gerittbergert (oder heißt es rittgebergert?) dahin.

Genauso wie die Freunde und Feinde des winterlichen Eises stehen sich die Skeptiker und die Euphoriker beim Cloud Computing gegenüber – bei Anbietern und Nutzern.

Mit Sicherheit …

Wichtig erscheint mir dabei, dass man wie auch beim Schlittschuhlaufen manches tun kann, um die Risiken von Vornherein zu minimieren: Auch wenn das Skaten auf zugefrorenen Seen sicher das Höchstmaß an Spaß und Erfahrung bringt, ist doch die Nutzung einer Eisbahn sicherer. Wer einmal eingebrochen ist, wird diese Sicherheit sogar noch höher zu schätzen wissen.

… hohe Ansprüche erfüllen …

Aber Sicherheit ist nicht alles: Für die „Businessskater" eines Pechstein- oder Friesinger-Formats genügen die herkömmlichen Eisbahnen nicht. Sie legen Wert auf eine Basis, auf der sie Gas geben können. Das wäre dann Performanz für perfekte Unterstützung von Businessprozessen. Und das bekommt man letzten Endes nur durch einen Provider, der die gesamte Kette von IT und Netz integriert bereitstellen kann (ICT). Womit wir den Werbeblock auch absolviert hätten

… und Integration ermöglichen

Und dass man für die Bewegung auf Eis mit dem (Legacy)Auto nicht das optimale Verkehrsmittel hat, versteht sich von selbst. Umdenken ist gefragt – und natürlich die richtige Verknüpfung der Verkehrsmittel (Legacy-Systeme und Cloud Services). Dabei wäre ein Partner, der die alte Welt des Outsourcing und die neue Welt der dynamischen Cloud kennt, sicher hilfreich (Werbeblock 2).

p.s.: Viel Spaß beim Wolkenmachen und Geschenke kaufen. In sieben Wochen ist Weihnachten.

4 Compliance und Recht

„HERE IS THE LAW!! "

(Dredd, Judge)

4.1 Grenzenlos frei?

Am 9. November 2009 von Michael Pauly

„Über den Wolken muss die Freiheit wohl grenzenlos sein", trällerte Reinhard Mey vor Jahrzehnten. 2009 sammelt sich die IT-Branche konsequent unter Meys Banner und verheißt IT-Services oder IT-Infrastruktur aus der Cloud. „Zu jeder Zeit und in nahezu jeder beliebigen Menge, schnell und dynamisch", das sind auch für Unternehmen sehr verlockende Aussagen. Noch interessanter wird es, wenn dann auch nur noch das zu bezahlen ist, was wirklich verbraucht wurde. Und das ganze auch noch weltweit, über alle Grenzen hinweg. So weit die Vision aus dem Wolkenkuckucksheim.

Die Diskussionen in der Szene haben aber schon ein bisschen Durchblick in den Cloudnebel gebracht. Eines der jüngsten Resultate sind die „Deutschland-Cloud" oder die „Euro-Cloud". Soviel zur Grenzenlosigkeit. My cloud is my castle. „Beschränkt" ist wohl der erste Gedanke, der einem dazu einfällt. Landesgrenzen sind doch für Daten keine wirkliche Hürde. Die Daten sind frei, wer kann sie erraten …

Die IT kennt keine Heimatsprache, sie ist – wenn man so will – völkerverständigend (vom träumerischen Standpunkt aus vielleicht sogar universal), aber gesetzliche Auflagen und rechtliche Anforderungen, die an Unternehmen gestellt werden, sind es nicht immer, oder besser: eigentlich fast nie. In Deutschland dürfen beispielsweise personenbezogene oder steuerrelevante Daten ein Land bzw. die EU nicht verlassen. Andere Länder handhaben das naja … andere Länder, andere Sitten …

Vor diesem Hintergrund sollten für Unternehmen nicht nur die Kosten, die Qualität des Service und die gelieferte Funktionalität im Vordergrund stehen, sondern auch der Ort der Datenverarbeitung und -haltung. Denn die Verantwortung, dass alle Auflagen eingehalten werden, liegen beim Unternehmen selbst und diese Verantwortung kann nicht so einfach auf oder besser in der Cloud abgelegt werden.

Vielleicht ist ja Beschränkung vor diesem Hintergrund das Mittel der Stunde. Immerhin erliegen immer mehr „echte“ Cloudanbieter (vermehrt aus den Staaten) dem Reiz Europas und errichten Rechenzentren in Amsterdam oder Dublin). Warum wohl?

Cloud Computing für Unternehmen: grenzenlos frei? In absehbarerer Zeit sicherlich nicht. Und bis wir da sind, ist die Euro-Cloud oder die Deutschland-Cloud vielleicht ein probates Mittel, um Cloud Computing und rechtliche Aspekte unter einen Hut zu bringen.

4.2 Cloud Law, Outlaw oder einfach nur schlechte Gesetze

Am 2. Februar 2010 von Martin Reti

So nun geht´s los. Die Cloud Computing Anbieter starten ihren ersten Optimierungsversuch für das EU-Rechtssystem. Nein, eigentlich den zweiten. Der erste war ja schon erfolgreich[3].

So fordert nun ein Justitiar die EU auf, endlich einen einheitlichen Rechtsrahmen zu schaffen, der „allen“ Cloudanbietern Rechtssicherheit bietet. Ich finde diese Haltung interessant und wohl auch legitim. Seine Meinung darf schließlich jeder sagen.

Der durchschnittliche US-Amerikaner belächelt ja in der Regel die Festung Europa und liegt damit wohl bisweilen gar nicht so falsch. Was die meisten Menschen außerhalb der Cloud (und das ist wohl die überwiegende Menge) lediglich amüsiert, das bringt Cloudanbieter auf die Palme: Das europäische Rechtssystem ist veraltet, entspricht dem Stand der Neunziger Jahre.

[3] Mit dem “unter der Hand” beschlossenen Swift-Abkommen schien es einen ersten Einbruch in die “Fortress Europa” zu geben. Doch gerade las ich, dass das EU-Parlament der Vereinbarung schnell den Garaus machen möchte. Lissabon macht´s möglich.

Wenn ich diese Aussage zwischen den Zeilen lese, soll sie sagen: Stand ausgehendes Mittelalter, kurz nach der Erfindung des Buchdrucks, ein Stück weit vor der Entdeckung der Jupitermonde. Cloudanbieter fordern einen modernen Rechtsrahmen, damit – und jetzt halten wir uns gut fest – die Cloudanbieter Rechtssicherheit haben. Rechtssicherheit für Nutzer – wen interessiert das schon?

Auf gut Deutsch: Im Zeichen der Innovation und des technischen Fortschritts müssen Gesetze flexibel, dynamisch und schnell anpassbar sein wie die Technik. Gesetze sollen schließlich geschäftlichen Interessen dienen. Wie ich schon schrieb: eine interessante Haltung.

Die europäische Betrachtung, dass der Nutzer mit seinen Rechten geschützt werden muss, ist für Cloudanbieter offensichtlich nur eine Provokation, wettbewerbsbehindernd, geschäftsschädigend. Da stellt man sich gerne mal auf den Standpunkt: Aber in meiner Heimat habe ich doch dieses Recht. Und wo ich hin will, da möchte ich dasselbe haben.

Warum sollte es unmöglich sein, Cloudangebote und europäischen Rechtsrahmen (so es ihn in dieser allgemeinen Formulierung denn gibt) zu verbinden? Aber das ist halt aufwändig. Und Aufwand – das ist ein Begriff, den das Cloud Computing scheut.

Denn Aufwand bedeutet ja, wie der Name schon sagt, ein Mehr an Nachdenken, ein Mehr an Ressourcen, ein Mehr an Engagement, vielleicht eine Abkehr von 08/15 – und damit natürlich höhere Kosten. Und höhere Kosten – das passt natürlich nicht ins Weltbild des Cloudanbieters.

Bin mal gespannt, ob dieser wagemutige Vorstoß EU-seitig aufgenommen wird. Einerseits ist die Diskussion sicher zwingend nötig, andererseits bin ich ganz froh, in einer Kultur zu leben, die mich als Nutzer schützt. Oder wie sehen Sie das?

4.3 Cloud meets Security

Am 30. März 2010 von Michael Pauly

Cloud Computing und Security ist eine interessante Kombination. Das ist so eine Art Hassliebe: Miteinander können sie nicht so recht, aber ohne einander geht es auch nicht. Dabei scheint doch alles recht einfach zu sein. Als erstes betrachte und bewerte ich die Risiken und ergreife dann die entsprechenden Maßnahmen. Soweit die Theorie…

… in der Praxis sieht es etwas schwieriger aus. Zuerst die Frage: Was ist ein Risiko? Nunja, ein Risiko liegt dann vor, wenn eine Bedrohung auf eine Schwachstelle trifft und das Ganze dann noch einen Schaden verursachen kann… Viel anschaulicher ist das auch nicht, mmh… Vielleicht klärt ein Beispiel das ganze etwas auf. In der Cloud, also im Nebel…

Damals bei den Nibelungen im herbstlichen Nebel der Rheinauen (man beachte die geschickte Überleitung) bedroht Hagens Speer Siegfried. Was soweit nicht tragisch gewesen wäre, wenn dieser nicht eine kleine Schwachstelle (an Port 8080) an der Schulter gehabt hätte. Erst in dem Moment, in dem Hagens Speer Siegfrieds Schulter durchbohrt, treffen Bedrohung und Schwachstelle zusammen. Sehr unangenehm für Siegfried, aber prinzipiell für den weiteren Verlauf der Geschichte sonst nicht dramatisch. Nun aber ist Siegfried ein bedeutender Adeliger. Erst der hohe Schaden, der durch Hagens Tat angerichtet wird, führt zur Katastrophe. Es ist also in Summe die Kombination aus Schwachstelle, passendem Angriff und möglichem Schaden, die über das Risiko und damit das Ausmaß der Tragödie entscheidet. Übrigens kam Siegfrieds Schwachstelle erst durch "Social Engineering" zu Tage. Was bedeutet, dass Googles Geheimhaltungsstrategie bezüglich der Rechenzentrums-Standorte durchaus seinen Sinn hat.

Wieder zurück in der Cloud wird bei genauerer Betrachtung klar, dass es sich bei den Bedrohungen und Schwachstellen meist um alte Bekannte handelt, die es auch in dieser oder ähnlicher Form bereits beim Outsourcing oder Hosting gibt. Hierzu können entsprechende Maßnahmen ergriffen werden. Neu hinzu kommen jedoch für Unternehmen Bedrohungen, die sich aus der schnellen und pragmatischen (d.h. unabgestimmten) Selbstbedienung von Mitarbeitern aus dem Internet ergeben.

Diese können, ohne dass die IT- oder Security-Abteilung davon etwas merkt, angelegt und genutzt werden. Dabei werden, wenn schnell ein solches System im Self-Service bzw. Self-Provisioning anlegt wird, um Entwicklungen oder Tests mit Firmendaten durchzuführen, meist selten, eigentlich fast nie, alle Unternehmensrichtlinien und Sicherheitsvorschriften eingehalten, oder?

Das Fatale dabei ist: Dieser Art von Risiken lässt sich nur schwer mit technischen Mitteln begegnen. Hier müssen andere "Mechanismen" greifen. Cloud und Security sind mehr als ein paar technische Features, die ich einbauen kann. Hier ist das Gesamte zu betrachten. Was die Sache nicht einfacher macht.

Hätte Siegfried beim Baden nur mal alles kontrolliert (double check), hätte er auch das Lindenblatt entdeckt. Und die Moral von der Geschicht: Am härtesten treffen die Angriffe dann, wenn man denkt, man hätte alles im Griff …

4.4 IT auf Reisen

Am 7. Mai 2010 von Michael Pauly

Reisen macht Spaß. Reisen bildet. Reisen erweitert den Horizont. Und das sogar in der IT. Wie man hört, sammeln sich in den Reisekostenstellen Abrechnungen von Trips nach Amazonien, Googlistan oder Eucalyptusland. Komisch, denkt da mancher, sind die in der UNO?

Dabei bieten solch reiselustige (Public) IT-Cloud-Services zunächst einen hohen Spaßfaktor. Sie sind schneller, meist einfacher eingerichtet und besser verfügbar als herkömmliche IT-Systeme. Man braucht nicht lange diskutieren und begründen, warum und weshalb (wieder) ein neuer Server notwendig ist. Keine Inquisition – einfach "You come, you get served". Einfach übers Web ordern und schon geht's los. Bezahlt wird einfach mit Kreditkarte – auf die Kostenart Reisekosten. ;-)

Bis dahin ist recht wenig dagegen einzuwenden, oder? Allerdings, sobald Cloud Services z.B. zur Softwareentwicklung genutzt werden, wandert langsam, aber sicher Firmenwissen in die Public Cloud. Wenn dann noch für Tests Produktivdaten verwendet werden, dann entspricht dies wahrscheinlich nicht mehr so ganz den meisten Compliance-Richtlinien. Weder internen noch externen.

Was also tun? Verschärfte Ausreisebedingungen für allzu "reiselustige" IT-Cloud-Services? Rechtzeitig die Notbremse ziehen? Dabei soll man Reisende doch nicht aufhalten. Aber vielleicht ergibt es einen Sinn, nicht auf eigene Faust loszuziehen, sondern lieber eine Pauschalreise, abgestimmt mit der Unternehmenssicherheit und dem Einkauf, zu buchen – inklusive Reisekosten-Rücktrittsversicherung.

Denn auch bei einer Pauschalreise erreicht man das gewünschte Ziel. Genau kalkulierbar. Und meist ohne größere Gefahren. Allerdings wird man kaum echte Abenteuer erleben. Das ist wohl das, was Survival-Gurus ("You have to face your fear and overpower it") abschreckt. Andererseits: Wer von uns geht schon gern mit Machete, Angelhaken, Bogen und Zundersäckchen ausgerüstet in seinen Urlaub? Auch bei steigendem Marktpotenzial werden diese Reiseformen nicht cloudige 10 Prozent Marktanteil erreichen.

Die meisten Reisenden vertrauen vertrauten Wegen. Und das natürlich nicht zu Unrecht: Denn wenn es um Datenschutz und Datensicherheit geht, sollten auch die "reiselustigsten" IT-Cloud-Services einige Abstriche in Kauf nehmen. Ergo, lieber in die etwas "privatere" Cloud. Oder einen geregelten bzw. compliant-kompatiblen Umgang mit der Public Cloud, wenn dies möglich ist.

4.5 Henry lässt grüßen ...

Am 22. Mai 2010 von Michael Pauly

Neulich traf ich einen Vertreter einer aussterbenden Spezies: Die Rede ist vom Cloud Computing Exterritorialen. Das sind Menschen, die die Cloud nur aus dem Wetterbericht kennen und ansonsten auch ganz gemütlich leben. Um diesem bedrohten Exemplar der Art Homo sapiens sapiens incognitans Cloud Computing zu erklären, griff ich auf Begriffe wie Virtualisierung, Standardisierung, Automatisierung und Modularisierung zurück.

Ich schloss damit, das Ganze sei "industrialisierte IT". Da ging ein Leuchten durch das Gesicht meines Gegenüber: "Also das, was Henry Ford anno dunnemals mit dem Auto gemacht hat!". Ich war hin und hergerissen und entgegnete: "Naja, aber die Virtualisierung gab's damals noch nicht …" – wobei ich mir im Stau öfter schon mal "virtuelle Fahrzeuge" vor mir wünschen würde.

Was beim Auto funktionierte, so die Logik, das muss doch in der IT erst recht klappen. Und natürlich wird jeder, der heute IT betreibt, behaupten, dass er das (schon lange) so macht. Aber – und nun kommen wir zum ewig währenden Konflikt zwischen Automobilbranche und IT-Branche nach der höchsten Innovationskraft – wenn das tatsächlich so wäre, dann dürfte es heute in puncto Cloud nicht so viele "Herausforderungen" geben.

Henry Ford und der Namenspate des Taylorismus, Frederick Winslow Taylor, haben uns ja gezeigt, wie's geht. Die "Arbeit" wird gemäß dem Motto "Teile und herrsche" in kleine Module zerlegt und dann auf verschiedene "Spezialisten" aufgeteilt. So weit, so gut. Einer entscheidet (also Henry), wie etwas aufgeteilt wird und schon geht es los.

Einer?!? So einfach ist das in der Cloud natürlich nicht. Cloud Computing ist ein so großes Feld, da dürfen alle mitspielen. Jeder der Anbieter und Provider industrialisiert seinen Teil der Wolke. Solange der Kunde nur diesen einen Teil benötigt, funktioniert das auch prima. Aber wie sieht es aus, wenn mehrere der "industrialisiert" gefertigten Module zu einer Produktionsstraße zusammengefasst werden sollen?

Dann kommen solche Fragen auf wie: Passen die einzelnen "Fließbänder" zueinander? Oder fällt da gelegentlich mal was runter? Können die "Einzelprodukte" mit einem Handgriff eingebaut werden oder muss ich mit schwerem Werkzeug ran ("was nicht passt …")?

Ich arbeite doch mit einer industrialisierten IT – da muss das alles passen. Das schon, aber es gibt noch keine übergreifenden Standards und Prozesse. Das ist so, als wenn Bandarbeiter in der Automobilindustrie selber entscheiden, wie und was produziert wird. Ohne das Ganze im Blick zu haben. Ob bei einer solchen Arbeitsweise am Ende ein Auto raus käme, wage ich zu bezweifeln. Und wenn doch, dann stellt sich mir die Frage, ob es auch gut und vor allem sicher fährt. Wir halten fest: Schöne Idee, das mit der Industrialisierung – aber eigentlich sollten dabei alle mitmachen … und dann Standards bekommen wie beim legendären 08/15 die DIN.

Zurück in die Cloud: Die CIOs sind gefragt. Bei ihnen laufen die Fließbänder zusammen, sie müssen gesteuert und überwacht werden. Diese Aufgabe und auch Verantwortung kann den IT-Verantwortlichen keiner abnehmen. Auch nicht die einzelnen Fachabteilungen, die sich gerne die leckersten Rosinen aus dem Cloud-Kuchen herauspicken würden.

Cloud Computing ist und bleibt Chefsache!

Und da ist er wieder: der ewige Disput, welcher Branche denn nun schneller oder innovativer ist: Automobil oder IT

5 Markt und Trends

„Die Märkte von heute sind die Trümmerfelder von morgen.“

(Nicht näher identifizierbarer Terminator)

5.1 Endlich Klarheit über Cloud Computing!

Am 23. Oktober 2009 von Martin Reti

Kein Tag ohne neue Studie zum Cloud Computing, schreibt Dietmar Müller auf Silicon.de. Und Recht hat er! Heute rauschen allein drei Umfragen bzw. Studien durch den elektronischen Blätterwald. Und endlich, endlich bringen sie uns Klarheit über Cloud Computing.

Die Fakten aber indes passen so gar nicht in das landläufige Bild, das wir, oder sollte ich besser sagen: ich, mir über Cloud Computing gemacht habe.

Da ist zum einen die Studie von Avanade. Die sagt uns, dass deutsche Unternehmen Cloud Computing für sich entdecken. Gigantische 320% Steigerungsrate stehen da im Cloudraum. Um so viel sei die Anzahl der an Cloud Computing Interessierten in deutschen Unternehmen gegenüber dem Jahresbeginn gestiegen. Wow! Und das beste kommt noch: nicht die geringeren Kosten sind ausschlaggebend, sondern allein strategische Gesichtspunkte.

Von der anderen Seite des großen Teichs lesen wir, dass US-Amerikaner kein Vertrauen in Cloud Computing haben. Laut einer Unisys-Studie geben 64% der US-amerikanischen Bürger an, dass sie sich unwohl fühlten, wenn sie ihre persönlichen Daten einem Cloudspeicherdienst anvertrauten.

Ja, verkehrte Welt, möchte man laut rufen. Bislang waren wir doch immer der Ansicht, dass Cloud Computing

- im Privatkundenbereich akzeptiert ist
- in den USA schon längst Standard ist
- in deutschen Unternehmen erst nach dem St. Nimmerleinstag ein Thema werden wird.

Wie tröstlich, dass wenigstens die Abstimmenden bei tagesschau.de unser Weltbild nicht komplett zum Einsturz bringen. Von denen postulieren nämlich heute mittag weit über 80%, dass sie ihre Daten lieber der eigen Festplatte als der Cloud anvertrauen. Wie gut, dass es noch verlässliche Größen gibt.

Nur schade, dass ich just dort in deutscher Korrektheit darauf hingewiesen werde, dass dieses Umfrageergebnis nicht repräsentativ ist. Trotz einer Zahl von über 3000 Teilnehmern. Schade eigentlich. Aber wahr andererseits. Den Passus haben sich die "offiziellen" Studien gespart.

Unser Resümee: Wir sind der Wahrheit wieder einen Schritt näher gekommen – oder haben wir uns einen Schritt weiter entfernt. Es ist wie immer: nur eine Frage des Standpunkts – und der richtigen Frage andererseits.

Was wir daraus lernen: Wo Cloud Computing drauf steht, ist definitiv Unklarheit drin. Und damit hätten wir einen Beitrag mehr geleistet zur nicht endenden Diskussion um eine verbindliche Definition. Schönes Wochenende – und wenn´s geht, ohne paradoxe Träume.

5.2 Wolken-Waschanlage

Am 13. November 2009 von Martin Reti

Ich gebe es offen zu: Gestern habe ich wieder ein neues Wort gelernt. Wenn das so weitergeht, gebe ich bald einen eigenen Cloudduden heraus. Bei der gestrigen Neuerscheinung handelte es sich um das Wort Cloud Washing. Es fiel auf dem Entscheiderforum Outsourcing des Bitkom.

Zunächst gingen mir die Töne von Car wash durch den Kopf. Im zweiten Schritt dachte ich an eine Autowaschanlage und dann an die Jungs, die jetzt verklagt werden, weil sie splitterfasernackt in einer solchen "duschten" – dabei fotografiert oder gar geyoutubet von ihren Freundinnen.

In Wirklichkeit, so klärte mich der Referent Ralf Zenses auf, handelt es sich um eine Art Vortäuschungstatbestand. Im Gegensatz zum ersten Bild, das in den

Kopf kommt, handelt es sich nämlich nicht um ein reinigendes Waschen, sondern eher ein Verwaschen, oder besser Verwischen.

IT-Anbieter waschen ihre angestammten Produkte jetzt im Cloud-Waschgang. Will meinen: Cloud ist so chic, dass es zu einer Modedroge avanciert. Natürlich möchte sich jeder Anbieter mit Cloud brüsten. Aber es ist eben nicht überall Cloud drin, wo Cloud drauf steht. Und dann werden bisweilen neue Etiketten drangehängt.

Und ebenso natürlich bietet Cloud Computing ja massenweise Ansätze, damit sich jeder selbst zu der Party einladen kann: Die einen sehen die verbrauchsabhängige Abrechnung als Topkriterium, die anderen die automatisierte Produktion, andere die Echtzeit-Bereitstellung etc. Neulich war sogar als Killerkriterium aus Analystenkreisen zu vernehmen, dass die Abrechnung per Kreditkarte erfolgen solle.

Mein Vorschlag: Let´s all do the Cloud Wash. In zwei Jahren haben wir dann nur noch Cloud-Angebote, egal wie individuell der Service oder wie antiquiert die Produktion. Das ist zwar einem einheitlichen Verständnis nicht zuträglich. Aber der potenzielle Nutzer kommt ohnehin nicht umhin, sich mit den Angeboten konkret auseinanderzusetzen.

Und dann zeigt sich, was das (vermeintliche) Cloud-Angebot wert ist. Cloud ist aus meiner Sicht ohnehin kein Qualitätskriterium per se.

Wenn im Geschäft Vorteile mit dem jeweiligen Angebot generiert werden können – Cloud hin, Cloud her – ist es egal, welches Label dran geklebt wird. Dann wird der Kunde auch zugreifen. Oder nicht?

5.3 Weihnachtsgeschenk Cloud Computing

Am 4. Dezember 2009 von Michael Pauly

Weihnachten startet, vielleicht für einige überraschend, auch in diesem Jahr am 24. Dezember. Da heißt es im Vorfeld hektisch – da wir ja überwiegend busy, busy im Business sind – Geschenke besorgen, Weihnachtsgrüße versenden und nach dem Fest die gemachten Digitalfotos an Freunde und Verwandte verteilen.

Nur das Auspacken müssen die Lieben noch selber übernehmen. Beim Rest hilft uns die moderne vollelektronische Welt.

Und das heißt dann konkret: nicht mehr raus ins Schmuddelwetter oder sich mit Schneematsch bespritzen oder sich im Kampf um kommunikationsförderndes Kinderspielzeug zahlreiche Blessuren einzuhandeln. Heute geht doch das alles bequem aus der warmen Stube – wahlweise aus dem Bürosessel. Womit ich sie keineswegs aufgefordert haben möchte, während ihrer Arbeitszeit nach Amazonien zu reisen, um sich dort so richtig als Powershopper zu betätigen.

Weihnachtszeit ist Cloudzeit. Und zwar in zweierlei Hinsicht: Einerseits benötigen Unternehmen (meist) kurzfristig IT-Ressourcen, um den Ansturm auf ihre Webshops und alles was dahinter kommt, abfangen zu können. Andererseits bereiten sich Anbieter von Email-, Foto- und Videoservices auf eine Flut von Nutzern und Daten vor, die wieder einmal leicht das x-fache des "normalen Ansturms" sein werden.

Cloud Computing mit seinem Versprechen IT-Ressourcen und IT-Services problemlos, schnell und flexibel in nahezu unbegrenztem Umfang zur Verfügung zu stellen, kann jetzt zeigen, wie leistungsfähig es ist. Wenn alles feiert, ruht unsere Wolke nicht. Sondern arbeitet unermüdlich und verschiebt alles, was sich so virtualisieren lässt, rund um den Erdball.

Letztes Jahr noch ein zartes Pflänzchen. Jetzt schon ganz groß im Geschäft. Vielleicht gehört schon nächstes Jahr die Cloud traditionell zum Fest dazu. Vieles ist möglich in der Cloud, oder?

5.4 Eiszeit oder Klimawandel?

Am 7. Dezember 2009 von Martin Reti

Während die Polkappen schmelzen, die Gletscher tauen und der Weihnachtsmann sich überlegt, dieses Jahr in Shorts und Shirt auf seinem Ökoschlitten die Kinder zu beehren, diskutieren die Cloudhasen über grüne IT und den Klimawandel an der Kundenfront.

Ich komme fast direkt (nunja ein Wochenende vor der Erstellung dieses Blogbeitrags habe ich mir doch noch gegönnt) von den Cloud Computing Tagen. Dort hatten wir zumindest zwei interessante Diskussionen rund um unser Hypethema.

Zum einen die Frage, welche Kundenklientel denn nun tatsächlich am offensten für das neue Sourcingkonzept ist und zum zweiten, wie weit Europa eigentlich hintendran hängt. Also auf gut Deutsch: Wem kann man denn Cloud verkaufen und werden die USA die Supermacht des Cloud Computing werden, weil wir in Europa so wenig visionär, so technikfeindlich und so bürokratisch sind?

Zur ersten Frage gab´s natürlich keine einheitliche Meinung. Aber das verwundert nicht. Deswegen gebe ich hier einfach meine Ansicht kund – dazu ist ein Blog ja schließlich da.

Im Privatkundensegment ist Cloud Computing angekommen. Übrigens auch, wenn eine überwiegende Anzahl der Nutzer "es niemals verwenden würde". Vielleicht für diejenigen unter uns, die zu dieser Fraktion gehören: Sie nutzen es, auch wenn Sie es weder verstehen, noch sehen, noch dass Ihnen jemand erklärt, dass Sie es tun.

Diese Klientel werden wahrscheinlich die "Big Dreieinhalb" unter sich aufteilen. Hier macht´s die Masse der Nutzer, der Bekanntheitsgrad der Anbieter ("Markenwahrnehmung") und die Masse der eigenen Infrastruktur: Amazon, Google, Microsoft und Apple.

Dann sehen wir aber am anderen Ende des Kundenspektrums großes Interesse an industrialisierter IT-Produktion mit flexiblen Verrechnungsmodellen und womöglich großem Potenzial zu Kostenersparnissen. Multinationale Konzerne gehören ebenso zu denjenigen, die sich bewusst und intensiv Gedanken über einen konkreten Einsatz im Geschäftsumfeld machen.

Tja, und dann haben wir noch den deutschen Mittelstand. Für alle diejenigen, die es nicht wissen: Der Mittelstand ist die Triebfeder des deutschen Erfolgs im internationalen Wettbewerb und ein bedeutender Financier der deutschen Allgemeinvorhaben, sprich Steuerzahler. Bitte korrigieren Sie mich, wenn ich mich irre.

Am Mittelstand scheiden sich die Geister: Die einen sehen den großen Dammbruch für Cloud Computing im Jahr 2009 schon gekommen, die anderen beobachten immer noch, dass man hier gerne auf eigene Hardware und volle Kontrolle der Ressourcen setzt, eine “harte Nuss für Cloud Computing”. Allenfalls eine Lieferung aus einer privaten Cloud könne man sich dort vorstellen. Sicherheit und Datenkontrolle über alles. Verständlich und nachvollziehbar.

Dabei könnte gerade der Mittelstand vom Cloudkonzept profitieren. Aber für Unternehmen, deren Kernkompetenz im eigenen Know-how liegt, steht Datenvertraulichkeit an erster Stelle. Allzumal die Internet-Kriminalität Ausmaße angenommen hat, die sich ein Normalsterblicher nur schwerlich vorstellen kann.

Anbieter aufgepasst! Wenn Ihr trommeln wollt, dann für den Mittelstand. Also Marketinggelder nicht für die Großen verschwenden. Und Mittelständler ebenso aufgepasst! Gerade in Eurem Umfeld ist ein sauber geplanter, abgesicherter Einstieg in hybride Cloudkonzepte wichtig. Lasst Euch nicht die schöne neue Welt einreden, sondern überlegt ruhig zwei- oder dreimal. Das Ergebnis könnte sich lohnen.

Tja, schon so viele Zeichen und über den geografischen Konflikt zwischen alter Welt und neuer Welt habe ich noch nichts gesagt. Das kommt dann im Laufe der Woche. Und dann wollen wir mal schauen, ob wir nicht noch der Kolumne des geschätzten Kollegen Pauly etwas hinzufügen können …

5.5 Hase und Igel

Am 15. Dezember 2009 von Martin Reti

“Bin schon da!”, rief der Igel frohgelaunt und voller Energie dem Hasen zu, der ihn daraufhin um Revanche bat. Sie wissen, wie´s endete: Der Hase blieb dennoch zweiter Sieger.

Was die IT-Branche angeht, ist es genauso. Nur, dass niemand uns Europäer mit einem Hasen vergleichen würde. Dann eher schon mit dem Igel. Nicht weil der der Gewinner war, sondern weil er sich so gut … einigeln kann.

IDC sagte bereits in seinem letzten Jahresausblick voraus, dass sich der Wettbewerb zwischen den Nationen um IT Service Delivery (und IT Skills) verschärfen würde. Vor wenigen Tagen waren sich die Analysten noch unsicher, ob diese Prognose eingetroffen sei. Aus der Cloudperspektive können wir ein klares Urteil fällen.

Die Musik spielt eindeutig in den USA. Die etablierten Cloud Computing Anbieter machen den Trend, geben die Schlagzahl vor und wir Europäer plappern nach, was über den großen Teich schwappt.

“Nennen Sie mir mal einen typischen Anbieter von Cloud Computing”. Die Antwort auf die Frage könnte schon in Trivial Pursuit verarbeitet werden: “Amazon, Google … Microsoft? … hmmm” … ich wage es noch, Apple zu ergänzen – ein Unternehmen, das ich in den letzten Monaten vom Radar verloren habe. Ein Unternehmen, das sich aber anschickt, sich auch eine ordentliche Schnitte vom Cloud-Kuchen abzuschneiden.

Während IDC beispielsweise ein steigendes Interesse an Outsourcing in Europa prognostiziert, ist man in der englisch-sprachigen Welt wieder einen Schritt weiter – die nächste Generation des Outsourcing kommt aus der Cloud.

Während wir uns also mit dem Gedanken anfreunden, grundsätzlich mal IT an Fremdfirmen auszulagern, wird in den USA das Spielfeld für ein neues Spiel bereitet. Ein Spiel übrigens, in das sogar die US-Regierung massiv investiert.

Man munkelt, es sollen Clouds für Entwicklungsländer entwickelt werden. Mir liegt hier ein politisch sehr inkorrekter Kommentar auf der Zunge, den ich mir ersparen werde, damit die Server, die dieses Blog hosten, nicht wegen begründeten Terrorverdachts konfisziert werden …

Aber das ist ja zum Glück nicht möglich. Wir leben ja in Europa, dem El Dorado der Datensicherheit. Das könnte unser Alleinstellungsmerkmal im Kampf um die Cloud werden. Und was machen wir mit unserer Trumpfkarte? Wir werfen sie weg.

Am Tag, bevor über den Lissabon-Vertrag das Europa-Parlament für derartige Fragestellungen ermächtigt wird, winken die EU-Innenminister das Swift-Abkommen durch und gestatten den USA den Zugriff auf europäische Banktransaktionen. Natürlich nur bei begründetem Terrorverdacht.

Interessant ist die Hintergrund-Geschichte, die das Abkommen erst nötig machte: Der globale Bankdienstleister Swift wird seine(n) Server für die europäischen Banktransfers aus den USA in die Niederlande verlagern. Warum wohl? Ein Schelm, wer Böses dabei denkt …

Ob wir bei einer Serververlagerung (wie auch immer die vonstatten gehen mag) über Cloud Computing sprechen, sei mal dahingestellt. Die Implikationen dieser Entscheidung für Cloud Computing aber liegen auf der Hand.

Einen Kontinental-Kampf um die Cloud? Den wird es wohl nicht geben. Der Sieger ist schon gekürt. Und das wird in diesem Fall nicht der europäische Igel sein, der seine Stacheln aus Goodwill versetzt. Aber wer weiß: Vielleicht liegt da noch ein asiatischer Tiger auf der Lauer?

Wenn Sie von mir nichts mehr hören oder lesen sollten, dann könnte es an Weihnachten liegen oder aber …;-)

5.6 Der Markt ruft!

Am 15. Januar 2010 von Martin Reti

Wir alle haben es schon immer gewusst: Die Antwort auf alle Fragen lautet 42. Oder wie sonst sollte diese Zahl seit Monaten, wenn nicht gar Jahren, wie ein Gespenst durch die Cloudszenerie schweben?

„Sagen Sie mal, welches Marktvolumen erwarten Sie für Cloud Computing in den nächsten Jahren?“ Wie aus der Pistole geschossen, antwortet der Gefragte: „2012 – 42 Mrd. US Dollar“

Dankenswerterweise hat Frank Gens von IDC die undankbare Aufgabe übernommen, eine Antwort auf eine unbeantwortbare Frage zu geben. Eine Antwort aber, auf die alle gewartet haben. Nun gut, die Zahl ist schon etwas älter (Oktober 2008), hält aber trotz anderer Vermutungen bzw. Aussagen tapfer die Stellung, was ihre dauerhafte Verwendung belegt.

Nach dem Motto: „Ich biete mehr!“ postulierte Gartner 46 Mrd. US Dollar bereits für 2008. 2013 werden wir diesem Hause zufolge 150 Mrd. US Dollar in der Cloud verschwinden sehen. Wow! Das entspricht übrigens etwas mehr als der Hälfte des Bundesetats 2009. Diesen Betrag kann ich mir kaum vorstellen und ich kann mir ebenso wenig vorstellen, wie er zustande kam.

Jeder nimmt solcherlei Zahlen gern zur Kenntnis, besonders wahrscheinlich Venture Kapitalisten oder Investoren – aber seien wir ehrlich: Haben Sie wirklich eine Aussagekraft?

An anderer Stelle habe ich mal behauptet, es sei mir völlig egal, wie wir Cloud Computing definieren. Und dazu stehe ich immer noch. Aber das Fehlen einer Definition erschwert den Blick auf harte Zahlen doch ungemein. Meinen Sie nicht? Solange wir nicht wissen, ob beispielsweise eCommerce, webbasierte Werbung, traditionelles Hosting, die Publikation neuer Webseiten oder die Erstellung von Wetterprognosen für das nordamerikanische Festland Cloud-Angebote sind, wie können wir da guten Gewissens eine fundierte Schätzung für das Marktvolumen angeben? Bestimmt kennen Sie darauf eine gute Antwort – ich nicht.

In Abwandlung einer bekannten Sportregel möchte man im Jahr 2010 fast sagen: Cloud ist, wenn der Schiedsrichter pfeift. Aber nur … wer ist der Schiedsrichter? Und was sagt die FIFA dazu?

Fast fühle ich mich genötigt, eine eigene Schätzung für das Marktvolumen abzugeben, aber beim Gedanken an Milliarden wird mir immer so schwindelig. Nehmen wir´s, wie es ist. Etwas besseres werden wir nicht kriegen. Und Cloud wird ohnehin nach und nach Realität – völlig unabhängig von anderen Zahlen als Nullen und Einsen.

Vielleicht liegt der besondere Charme der IDC-Zahl aber nicht in ihrer Höhe, sondern in der Interpretation, dass Cloud Computing sich ein Küchenstück von 9 Prozent am IT-Markt sichern wird. Das hat doch was. Ich denke, es werden 10 Prozent – mindestens … oder ein bisschen weniger.

5.7 Pay as you use ist tot!

Am 2. März 2010 von Martin Reti

Neulich las ich mal irgendwo, dass das letzte, was im Großkundenumfeld von Cloud Computing übrig bleibt, flexible Preismodelle sind. Also "pay as you use" als ultima ratio des Cloud Computing. Aus Kundensicht kann ich das gut verstehen - auch wenn ich überzeugt bin, dass auch die technische Flexibilität wesentlich ist, um Geschäftsideen schnell zu realisieren bzw. einzustampfen. Dynamische Preise reduzieren also das Risiko für den Nutzer, dynamische IT-Produktion das Risiko für den Anbieter.

Kurioserweise denkt nicht nur die IT über dynamische Preismodelle nach: Sogar das Bundesverkehrsministerium denkt darüber nach, auf "pay as you use", oder besser "pay as you drive", umzustellen. Weg mit der Kfz-Steuer, zahl doch pro gefahrenem Kilometer. Ich denke, dieses neue Abrechnungsmodell zeigt, dass nicht jede Umstellung auf dynamische Abrechnung auch unbedingt riskant sein muss. Die Autofahrer erhalten dann mehr Kontrolle über die Kosten, aber ob sie damit günstiger fahren?

Was ich dem Modell zu Gute halten will: Es wäre echtes pay as you use. Aber wahrscheinlich werden wir ein Mischmodell bekommen, wie es mein Waste-disposal-provider (auf gut Deutsch meine Müllabfuhr) oder mein Stromanbieter verwenden: Hohe Basisgebühr plus einen geringen flexiblen Beitrag pro Fuhre oder kWh. So minimieren die Anbieter ihr Risiko. Hat aber – ehrlich gesagt – mit echter nutzungsorientierter Bezahlung nichts zu tun.

Zum Glück machen das ja die Cloud Computing Anbieter! Wirklich? Jetzt schreibe ich mal was Provozierendes: Natürlich nicht! Das große Versprechen wird eigentlich nicht wirklich eingehalten. Beispiele gefällig? Nehmen wir mal die üblichen Verdächtigen.

Bei Googles Apps: Da gibt es zwei Modelle. Das eine ist das Umsonst-Modell für den Privatmenschen. Das ist natürlich ein sensationelles Preismodell – interessant fände ich den entsprechenden "business case" im Geschäftskundenumfeld. Dass man damit Kunden gewinnen kann, steht außer Frage. Für Businesskunden bietet Google aber einen anderen Tarif an: 40 Euro pro Nutzer und Jahr. Das ist wirklich günstig, aber auf gut Cloudisch: pay even if you don´t use.

Flatrates für Applikationen scheinen im Trend zu sein. Auch Microsoft (BPOS Standard Suite 8,52 Euro pro Monat) und Salesforce (70 bis 270 Euro pro Monat) greifen dazu. Das nutzt nämlich beiden Seiten. Der Nutzer hat echte Kostenkontrolle (weil ja "as you use" nicht automatisch günstiger sein muss) und der Anbieter hat etwas mehr Planungssicherheit.

Natürlich habe ich da ein bisschen gepfuscht. Das waren alles SaaS-Angebote. Auf der Infrastruktur- oder Plattform-Seite sieht das natürlich anders aus. Dort bleibt aber der Parkuhr-Effekt. Angebrochene Stunden werden voll bezahlt. So beispielsweise bei Amazon oder auch bei Microsofts Azure. Bitte korrigieren oder kommentieren Sie, wenn ich mich irren sollte. Außerdem müssen die Nutzer hier wieder einiges an Kosten zusammenfisseln. CPU-Stunden, genutzter Speicher, Transaktionen, Datenbanken etc. Von wegen kompletter Service …

Ohne Köpfchen und ein gutes Maß an Hintergrund-Knowhow sollte man hier die Finger wieder einziehen. IT-Laien scheiden hier schon mal aus.

Für diese Woche genug gezetert. Jetzt rufe ich mal meinen Müllprovider an und versuche einen "pay as you throw away"-Tarif zu vereinbaren. Und dann schicke ich Herrn Ramsauer noch ein Mail …

5.8 Mein Buch ist abgebrannt

Am 15. April 2010 von Martin Reti

Das Buch ist tot. Erst war nur der Buchhandel tot, jetzt stirbt auch noch das Buch. So findet eine jahrhundertelange Tradition ihr unrühmliches Ende. Es ist eine Zeit zum Leben und eine zum Sterben, wusste schon einer der ersten Autoren in einem gedruckten Werk*. Und was ist schuld daran? Sie ahnen´s schon: Cloud Computing …

Dass Computer nicht nur Schreibmaschinen weitgehend ausgemerzt haben, ist ja hinlänglich bekannt. Aber diese unersättliche IT-Branche greift mit einer unersättlichen Gier auf dem Büffet der Möglichkeiten nach allem, was sich in Daten darstellen lässt.

Veränderte Amazon zunächst nur den Buchhandel (der wider Erwarten doch nicht so tot ist, wie manche und auch ich oben postulieren), so müssen es nun konsequenterweise auch die Bücher selbst sein, nach denen das Versandhaus greift. Der nächste logische Schritt nämlich nach dem Versenden papierner Drucke sollte nämlich der elektronische Vertrieb sein. Alles andere wäre Amazon-untypisch. Könnte vielleicht sogar eine grüne Idee sein.

Das Buch oder die Zeitung hat sich ja bislang hartnäckig gegen Bits und Bytes gewehrt. Doch sieht es nun so aus, also ob die Ebooks kommen. Damit werden die Drucksachen zumindest in Teilen das Schicksal erleiden, das Musikträger längst erlitten. Und an denen wie an keinem anderen Beispiel der Trend zum Cloud Computing sichtbar wird.

Da gab es früher die Langspielplatten, die sich immer noch unerklärlicherweise eine treue Fangemeinde erhalten, aber dennoch weitgehend durch die digitale CD abgelöst wurden. Heute jedoch sind wir bald schon so weit, dass Jugendliche nicht mehr wissen, was eigentlich eine CD ist. Sie laden ihre Musik – legal oder illegal – als mp3 und schaffen sich damit zusehends Unabhängigkeit von speziellen Abspielgeräten. Musik im ersten Virtualisierungsgrad.

Der nächste logische Schritt ist spotify. Bei dieser Musikbörse können sich Nutzer für eine Monatspauschale alles anhören, was die virtuelle Jukebox hergibt. Überall und jederzeit. Music as a Service bei voller Mobilität. Die Musik ist also bereits in der Cloud angekommen – und was noch bedeutsamer ist: Das Geschäftsmodell scheint mir tragfähig zu sein.

Wieso sich angesichts dieser Entwicklung in der Musikbranche Druckerzeugnisse geradezu renitent an den Händen der Leser festhalten, scheint nur schwer nachvollziehbar. Gerade Dienste, die überhaupt keine Ansprüche an Datenschutz und Datensicherheit haben, schaffen im Grunde genommen die perfekten Einsatzszenarien für Cloud Computing – wenn die Erzeuger (Autoren und Verlage) mitspielen.

Michael Pauly und ich wollen das auch mal ausprobieren – naja zumindest ein bisschen. Daher haben wir unsere Blogbeiträge mal in einem Buch verarbeitet, das wir bei Books on demand einstellen werden. Das ist zwar nicht ganz genau Cloud Computing, aber es veranschaulicht mindestens zwei wichtige Elemente von Cloud Computing: 1. Wir haben keinerlei Investitionen zu tätigen; das korrelierende Risiko beträgt also null. 2. Sobald einer von Ihnen das Buch kauft, und erst dann, wird das Buch „as you use“ produziert. Und wir machen den dicken Reibach ;-).

Konsequenterweise müssten wir unser Buch jetzt noch rein elektronisch anbieten – dann können Sie sich überall und jederzeit von unseren großartigen Gedankenblitzen beglücken lassen. Wir sind für WePad-Anfragen offen ;-).

Dann steht nur noch der Brand des hostenden Rechenzentren zwischen uns und ewiger literarischer Glückseligkeit ;-) … womit wir schlussendlich beim Titel des Blogbeitrags angekommen wären.

5.9 The Rise of the Armada of Enablers

Am 30. April 2010 von Martin Reti

Der Hype ist vorbei! Da gibt es unzweifelhaft Unternehmen, die sich für einen Einstieg in die Cloud entscheiden. Die Diskussion über das Thema wird reifer, Eine Fülle von Veranstaltungen bemächtigt sich des Themas. Und hier ungenannte Softwarehersteller stellen ihre Geschäftsmodelle um. Aber das ist nicht alles: Es gibt einen ganz unzweifelhaften Indikator dafür, dass Cloud Computing mehr als Hype ist: Alle wollen dabei sein.

Gähn, werden Sie sagen und Ihre Hand höflich vor den geöffneten Mund führen. Natürlich tragen alle diejenigen, die sich zumindest berufen fühlen, einen bestimmten Cloud-Wortmarken-Quotienten in Ausschreibungen und Investitionsanträgen zu erfüllen, das Cloudbanner vor sich her. Aber es gibt natürlich noch ein weiteres Symptom der grassierenden Clouditis: Selbst diejenigen, die nun gar keine Chance auf Glaubwürdigkeit haben, sich mit eigenen originären Services zu empfehlen, setzen auf die Karte Enabler.

“We enable”

Denn so die Logik: Wir brauchen natürlich Software, die die Cloud verwaltet und Software, die die Software in der Cloud verwaltet und Software, die die Software, die die Software … Was ich ganz vergaß: Natürlich brauchen wir auch Hardware, viel Hardware. Und Software, die die Hardware … ok, das hatten wir schon.

Und dann natürlich Menschen, die die Hardware aufstellen und Menschen, die die Software in die Cloud bringen und Menschen, die prüfen, ob alles mit rechten Dingen zugeht und Menschen, die die Software testen.

Und Unternehmen, die das Silizium herstellen, aus dem die Chips gemacht werden, auf denen in der Cloud gerechnet wird. Und Netzbetreiber, die die Wolkendaten und Applikationsteile auf meine Endgeräte transportieren. Und die örtlichen und überregionalen Stromversorger, ohne die die Server und Speichersysteme im Dornröschenschlaf dahin vegetierten.

Und Menschen, die den Rasen vor den Rechenzentren mähen. Sowie natürlich die Fahrer von Eisautos, die im Sommer dem Personal der Rechenzentren zur Erhöhung der Moral legale Tütchen verkaufen. Und das Reinigungspersonal. Alles Enabler.

Ich gehe mal davon aus, dass wir bei entsprechendem Blickwinkel alle Branchen als Supporter und Enabler von Cloud Computing platzieren können. Das hat natürlich durchschlagenden Effekt auf die Marktzahlen. 150 Mrd. Euro oder Dollar – was soll´s? Peanuts! Cloud Computing wird zum gesamtweltwirtschaftlichen Phänomen.

So, jetzt habe ich mich heiß geschrieben. Gehe mal zu meinem Coffee and Sprudel as a Service-Provider im Erdgeschoss und frage ihn, ob er mir einen ausgibt, wenn ich ihn nächste Woche als Cloud-(Blog-)Enabler tituliere. Halte Sie auf dem Laufenden mit meiner Enablerliste.

6 Ereignisse und Events

„Wenn isch Cabrio will, nehm ich Flex, weisch Du ...“

(Erkan und Stefan, Hobbybastler)

6.1 Cloud Computing ist und bleibt Topthema

Am 4. November 2009 von Michael Pauly

Häufig werden, sobald es auf das Jahresende zugeht, die Glaskugel bzw. das Orakel befragt zu Themen und Schlüsseltechnologien, die im nächsten Jahr ganz vorne mit dabei sein werden. So auch dieses Jahr. Gartner stellt auf seinem Symposium ITxpo in diesen Tagen in Cannes die Top Ten Schlüsseltechnologien für das Jahr 2010 vor.

Wie erwartet ist Cloud Computing ganz vorne mit dabei. Überraschend ist das nicht. Betrachtet man die Entwicklung der IT in den vergangenen Jahren, so ist Cloud Computing der nächste (logische) Evolutionsschritt in der IT. Die hierzu notwendigen Technologien, wie z.B. Virtualisierung und Automatisierung stehen heute in einer solchen Qualität zur Verfügung, dass sie produktiv eingesetzt werden können.

Weiter benötigt Cloud Computing eine entsprechende Standardisierung von Schnittstellen, Prozessen, etc. und ein nicht zu unterschätzender Punkt, das Umdenken beim Nutzer. Bei diesen Punkten ist noch einiges zu tun. Auch sind noch spezielle Anforderungen, die Unternehmen an Cloud Computing stellen, bezüglich Sicherheit, rechtlicher Rahmenbedingungen, etc. zu erfüllen.

Für Unternehmen besitzt Cloud Computing, d.h. der flexible Bezug von IT-Services und deren nutzungsabhängige Abrechnung, bereits heute revolutionäre Züge. Bis jedoch Unternehmen alle ihre IT-Services aus einer (oder mehreren) Clouds beziehen können, dauert es noch etwas. Hierzu sind eine Reihe von Herausforderungen zu meistern. Aber nichtsdestotrotz, diese Herausforderungen werden zunehmend angegangen. Der Hype Cloud Computing wird langsam erwachsen und steht mit Recht auf der Liste der Topthemen für 2010.

Mal sehen, was das nächste Jahr bringt.

6.2 Chromglänzende Zeiten?

Am 20. November 2009 von Martin Reti

“No, I ain´t gonna buy this shit.” “It´s free mate. But if it costed anything, I sure wouldn´t waste my money either”. Soviel in der klaren Sprache youtubes, quasi aus der Wolke zur neuesten Errungenschaft der Wolke. Die Rede ist von (Fanfare, Vorhang auf) Gooooooogle Chrome OS.

Von vielen zur erneuten Attacke auf Microsoft hochstilisiert, fast möchte man vom Kampf der Titanen um die Computer-Vorherrschaft reden. Doch das Spielfeld sind nicht mehr die PCs der Altvorderen, es geht um Alles oder Nichts – um die Vorherrschaft in der Wolke.

Pathos beiseite. Wenn man einen zweiten Blick wagt, dann macht Google nicht mehr und nicht weniger, als ein neues Spielfeld zu betreten. Mit der nicht ganz unbegründeten, aber keineswegs sicheren Prognose, dass dort auch ein Spiel stattfinden wird. Google setzt voll und konsequent auf die Welt der Netbooks; die Welt der noch kleineren, mobilen Endgeräte haben die Suchmaschinler schon betreten. Eine Investition in die Welt der Mobilität. Die große Attacke auf die traditionellen PCs bleibt (noch) aus. Vielleicht also doch nur ein Scheinscharmützel?

Dennoch darf Google in dreierlei Hinsicht Punkte der Kampfrichter einfahren. Mit der Veröffentlichung des Source Code haben die Kalifornier die Türen für die Open Source Gemeinde geöffnet. Man hat erkannt, dass Transparenz attraktiv ist und man erwartet natürlich, dass dies eine eigene Dynamik in Gang setzt, die über kurz oder lang Chrome OS voranbringt. Und in sieben Sekunden von null auf hundert – das hat für einen geschwindigkeitsentwöhnten PC-Nutzer mit aufgeblasenem Betriebssystem schon Charme. Sogar mein Handy braucht etwa 20 Sekunden, bis es aus seinem Tiefschlaf aufgewacht ist, von meinem PC ganz zu schweigen. Und zuletzt hat Google die für die Netbooks notwendigen Anwendungen im Netz schon griffbereit. Da wird doch nicht womöglich eine Strategie dahinter stecken?

Auf jeden Fall fußt diese auf der Tatsache, dass wir irgendwann flächendeckende Netze haben werden. Tja, und wenn die Netze mal einen schwachen Tag haben? Temporarily no access … Dann gewöhnt man sich besser wieder an die kontemplative Ruhe früherer Zeit ohne „always on". Das hat doch auch was – womöglich wird die Lebensqualität damit sogar wieder höher.

Allein die Vermutung, mit den neuen Chrome OS-Netbooks mehr Nutzer ins Netz zu locken, um dann mit Werbung noch mehr Geld zu verdienen, erscheint doch ein wenig zu weit hergeholt. Aber wahrscheinlich bin ich dafür zu wenig Visionär. Ich würde eher erwarten, dass die Applikationen irgendwann mal kostenpflichtig werden. Aber das Schöne ist: Irgendwann werden wir´s wissen. Aber zumindest nicht vor 2011. Das lässt uns noch ein wenig Zeit. Und dann werden wir wissen, ob der youtubeler frialler recht behalten wird: „Chrome OS will be a bigger fail than Chrome alone was. I don't want to share all my data with the internet …"

6.3 Sieg dank Heimvorteil?

Am 29. Oktober 2009 von Martin Reti

Lange, lange tobte der Kampf um das lokale Cloudparadigma in Los Angeles. Und jetzt nach einem Jahr harten Kampfes senkt sich der Staub und die siegreiche Wolke steigt auf. L.A. setzt zukünftig auf Googles E-Mail-Dienst. Ist damit der Startschuss für eine weit reichende Akzeptanz von Cloud Computing gefallen? Brechen die Vorbehalts-Dämme jetzt?

Oder liegt der wahre Grund in der örtlichen Nähe des Providers? Immerhin liegt Redmond ja jenseits der Grenzen des Bundesstaates, während Mountain View gerade mal um die Ecke liegt. Das wäre ja paradox, wenn auch in der Wolke örtliche Nähe kriegsentscheidend wäre.

Dass mit solchen Deals die Cloud-Baustellen aufgeräumt sind, ist ein schöner Traum, aber dass Angebote aus der Wolke vermehrt bei Großkunden genutzt werden, ist ein klarer Beweis für ein Umdenken in den Unternehmen. Und natürlich spülen solch prominente Abschlüsse kräftig Wasser (oder muss es Nebel heißen?) auf die Mühlen der Cloudeuphoriker.

Große Google-Deals häufen sich: Mitte des Monats ging der Rentokil Initial Abschluss über die elektronischen Ticker, dann war noch von Jaguar Landrover zu lesen. Damit kann sich Google auch mit dem Namen eines Traditionsunternehmens schmücken – auch wenn es nunmehr unter indischer Flagge fährt.

Natürlich ist nicht allein die Größe das Spektakuläre. 10, 20, 30 oder 100.000 Nutzer mehr oder weniger – das erscheint angesichts von Abermillionen Nutzern kostenfreier Dienste eher beschaulich. Google ist auf die Menge gut vorbereitet. Wie kolportiert wird, denkt die Suchmaschine längst in Megadimensionen – aber nicht hinsichtlich der Nutzer, sondern hinsichtlich seiner Server.

Das wirklich Bedeutsame daran ist, das dass Klima langsam cloudy wird. Zumindest im Heimatland der Freiheit. In deutschen Unternehmen zucken Entscheider immer noch großen Teils mit den Schultern, wenn das Thema Wolke auf der Agenda steht.

L.A. Confidential?

Interessant werden die Feierlichkeiten zu einem Jahr L.A. Cloud werden. Ob es dann auch ein Jahr "L.A. Inconfidential" zu zelebrieren gilt? Wie werden Daten in und aus der Wolke exportiert? Wie werden die Cloud-Dienste mit anderen eigenen Services der Unternehmen zusammenarbeiten? Werden wir von einem Datenleck hören? Es soll ja durchaus auch bei Behörden Mails mit dem Aufdruck "strictly confidential" geben …

Wenn´s gut läuft, werden die Abwehrdämme gegen die Wolkenattacke löchriger. Gibt´s Probleme, wird das das Cloud Computing wieder ein Stück zurückwerfen. Und dann wird der Heimvorteil womöglich wieder an Gewicht verlieren.

6.4 „Wer einmal in der Cloud war, will nicht mehr in den Keller zurück."

Am 27. November 2009 von Michael Pauly

Mit diesem Statement resümierte Andreas von Gunten in seiner Keynote "Cloud Computing für Entwickler – Wie bringe ich meine Applikationen in die Cloud" auf der ersten CloudConf in Stuttgart die Einstellung der Nutzer von Cloud Services. Wer die Vorteile von Cloud Services genossen hat, wird nicht wieder zum Eigenbetrieb zurückkehren. Dabei ist Cloud Service nicht gleich Cloud Service. Entwickler und Anbieter sollten hierbei einige grundlegende Punkte beachten:

Allen Nutzern sollte die gleiche Basis zur Verfügung stehen. Nur so können auch "kleinere" Kunden die gleiche Servicequalität beziehen wie Großkunden.

Werden IT-Services in Form von SaaS angeboten, so sollten auch die Vorteile, die diese Form bietet, ausgeschöpft werden. Hierzu zählen die gezielte Weiterentwicklung von viel genutzten Funktionen und Funktionalitäten. Dass hierbei eine höhere Anzahl von Releases ansteht, versteht sich von selbst.

Nutzer müssen die Möglichkeit haben, nach Ablauf des Vertrages ohne größere Anstrengungen und Umwege wieder an ihre Daten kommen.

Und Entwickler waren zahlreich anwesend auf der CloudConf 2009, die am Vortag des Launches von Microsoft Azure über die Bühne ging.

Weiterhin bot die CloudConf die Möglichkeit sich über zahlreiche Aktivitäten in und um die Cloud zu informieren. Angefangen bei Hochschulaktivitäten bis hin zum Einsatz bei Großunternehmen stand alles im Zeichen der Cloud.

Der Markt entwickelt sich. Cloud Computing wird langsam erwachsen. Denn, wer will schon gerne in den Keller zurück?

6.5 Wieso widerrufen?

Am 10. Dezember 2009 von Martin Reti

"T-Systems hat ja keine Ahnung!" – naja, nicht ganz wörtlich, aber die Intention der Computerwoche war deutlich spürbar, als sie dieser Tage die Philips-Pressemitteilung aus unserem Haus geißelte. Interessantes Material für einen Blogbeitrag, finden Sie nicht? Sozusagen in eigener Sache.

Tatsächlich reißt die Computerwoche ein interessantes Thema an: Was ist denn eigentlich eine private Cloud, von der die traditionellen Outsourcer und die auslagernden Unternehmen (im Gegensatz zur public Cloud) verhältnismäßig begeistert sind?

Die CW verweist auf Gartner und auf einen eigenen Text: private Clouds stellen die privateste Form der Privatheit dar. Auf gut Deutsch: Sie sind in den eigenen Händen eines Unternehmens. Unter Kontrolle der eigenen IT-Abteilung, in den eigenen vier Wänden. "Und solange dieses Cloud seine Füße unter meinen Tisch steckt", ist es privat.

Ja, am Anfang der Diskussion war das tatsächlich so: Firmen, die ihre eigene IT in Richtung Cloud entwickeln, machen sich ihre eigene private Cloud. Mittlerweile aber findet man durchaus auch andere Stimmen, die die Grauzone der privaten Cloud ausleuchten.

Der von über 20 Autoren erstellte Bitkom-Leitfaden erklärt eine kundeneigene, vom Kunden selbst betriebene Cloudumgebung als private. Sie verfügt über einen beschränkten Zugang. So dürfen beispielsweise autorisierte Geschäftspartner, Kunden und Lieferanten darauf zugreifen. Gehört dazu womöglich auch ein IT-Dienstleister? Übrigens kein Wort darüber, wo die Server stehen. Der Kunde könnte seine Server theoretisch auch bei einem Dienstleister deponiert haben. Das gesicherte Zugriffselement steht im Vordergrund.

Die NIST geht noch einen Schritt weiter. Vielleicht ist das auch Ausdruck der amerikanischen Kultur. Sie erklärt: "Private cloud. The cloud infrastructure is operated solely for an organization. It may be managed by the organization or a third party and may exist on premise or off premise."

Hier wird ausdrücklich verdeutlicht, dass das Management (= womöglich der Betrieb?) von einer dritten Partei gemacht werden darf. Über die Lokation wird wiederum gar nichts gesagt. Das könnte in Fort Knox, im Ulmer Münster oder im Bodensee sein. Könnten wir darüber diskutieren, dass der (virtuelle) Platz, auf dem Server des Unternehmens stehen, eigentlich an den Kunden vermietet wird?

Und stellen wir uns mal den Fall vor, dass ein Unternehmen seine bestehenden Rechenzentren komplett an einen Dienstleister auslagert und ihn beauftragt, alle oder einen Teil der Services zu cloudifizieren – oder wie immer man das nennen will. Kommen die dann aus einer ex-private cloud? The anonymous sourcing model formerly known as prospective private cloud (TASMFKAPPC) …

Wie würden wir denn die Cloud bezeichnen, aus der ein IT-Dienstleister abgesicherte Dienste für seine Kunden erbringt? Was übrigens ein Ansatz ist, der mehr "Cloudizität" verspricht, als ein "originärer" privater 1-Unternehmen-Cloud-Ansatz.

Wäre das eine managed private cloud, eine closed private cloud, eine multicustomer secured private cloud, eine semiprivate, outsourcer managed firewall protected limited access cloud? Forrester bietet dafür den Begriff virtual private cloud an.

Und wieder kommen wir zu alten Weisheiten zurück. In diesem Fall: Namen sind Schall und Wolken, äh, Rauch. Es zählt, was tatsächlich drinsteckt. Und es zählt natürlich das Vertrauen, das ein "Cloudsourcing"-Kunde in seinen Provider hat.

Ob uns eine Diskussion über die rechtmäßige Nutzung des Begriffs private cloud zum Pfad der Erleuchtung führt, darf natürlich weiterhin ausschweifend diskutiert werden. Bedenken Sie aber, dass die Römer das als privatus bezeichneten, was der "öffentlichen Sache", dem Staat (res publica) geklaut wurde und damit eben nicht mehr allen gehörte. So einfach kann Sprache sein …

6.6 Google sucht nach mehr[4]

Am 12. Februar 2010 von Martin Reti

Cloudrush! Auf dem großen Trail zu den Goldfeldern in den Wolken hat die Gesellschaft der IT-Treibenden (das sogenannte Ökosystem) einiges an Schlagseite bekommen. Die Internet Companies machen zunehmend Druck auf die traditionellen IT-Service-Anbieter und die etablierten Software-Hersteller. Letztere schaffen neue Angeboten wie eigenes Hosting. IT-Service-Anbieter müssen neue Nischen finden, für Hardware-Hersteller werden Partnerschaften und höherwertige Services für ihre Produkte immer wichtiger …

Jeder der Mitwirkenden – und das sind beileibe nicht nur die bekannten Protagonisten der Szene – hat seine Hölzchen gespitzt, um die Claims für den Cloudrush abzustecken. Nur wer wird die ertragreichen Goldminen finden und wer nur taubes Gestein?

Schon zu Zeiten des Goldrauschs war es so, dass nicht alle sich abrackern mussten, um vom Erfolg des Hypes zu profitieren. Ich denke da vor allem an die Betreiber der Saloons, die sich ihre Getränke vergolden ließen. Als unbeteiligte Beobachter verdienten sie mehr als gut am Erfolg der anderen.

In ähnlich komfortabler Position sind heute die Netzbetreiber. Sie verfügen über die Basis der Wolke, ohne die ein „as a Service“ nicht denkbar ist. Sie konnten sich allenthalben überlegen, ihr Portfolio um eigene IT-Dienste aufzustocken (wie beispielsweise Verizon, AT&T und BT vorexerzieren). Die Netze als sichere Burg in Zeiten der Cloud? Als TC-Serviceprovider kann man hier eigentlich nur gewinnen. Dachte ich mir so …

Doch was war vorgestern in der FTD zu lesen? Einer der Goldsucher eröffnet seinen eigenen Saloon. Und das direkt in den Goldfeldern. Google experimentiert mit eigenen Breitbandnetzen. „Wir wollen doch nur spielen“, heißt es da. Aber wenn Google spielt, dann richtig: Die Glasfasernetze sollen mindestens 100mal so schnell sein wie die üblichen Netze in den USA.

Riesige Rechenzentren, eigene Anwendungen, ein eigenes Betriebssystem, Einbindung von mobilen Endgeräten. Jetzt kommen Experimente mit einem eigenen Netz dazu. Vielleicht werden wir ja in zehn Jahren ein komplettes „full

---

[4] Google kündigt den Bau und Test von einem oder mehreren Glasfasernetzen an.

cloud providing“ von Google haben? Da fehlen doch nur noch ein paar passende Endgeräte aus dem eigenen Haus, um die Palette komplett zu machen. Und siehe da: Die Gerüchteküche brodelt und verheißt ein eigenes Google-Netbook

Von der Suchmaschine zum Full Cloud Provider – es zeichnet sich ab, dass die Rolle Googles immer beherrschender wird. Schon erstaunlich, wohin es führen kann, eine kostenlose Suchmaschine anzubieten …

6.7 Cloud made in Germany

Am 12. April 2010 von Michael Pauly

Das waren noch Zeiten als Produkte gekauft wurden, weil “Made in Germany” drauf stand. Das stand für Qualität, Langlebigkeit und Sicherheit. Also, wieso nicht an Bewährtem festhalten und es mal mit einer rein deutschen Cloud versuchen? So als “Nischenangebot”.

Das kann ja die “großen” Cloud-Player nicht stören, oder? Ich gebe damit zwar eine Reihe der bekannten und als sehr wichtig eingestuften Vorteile auf, beispielweise die Flexibilität , die durch das Kriterium “location independence” entsteht, weil ich mich geografisch beschränke. Und damit geht – vollkommen logisch – ein Teil der Skaleneffekte verloren. Der Gedanke einer weltumspannenden Rechen- und Datenwolke wird von der Theorie in die Praxis “zurückgestuft”. Ergo: ich bin unflexibler und es wird teurer.

Auch wird Deutschland noch als sehr zögerlich in Sachen Cloud eingestuft. Die gesetzlichen Rahmenbedingungen passen auch noch nicht so richtig fürs Cloud Computing. Alles in allem klingt das nicht nach richtig viel Cloud-Geschäft.

Vor diesem Hintergrund wundert mich die zum Teil unerwartet heftige Reaktion von verschiedenen Anbietern auf eine rein deutsche Cloud. Sollte sich hier überraschenderweise doch ein interessanter Markt im Dornröschenschlaf befinden, den bisher noch niemand entdeckt hat? Ist die Rolle des Prinzen etwa noch vakant? Brauchen wir hier einen Prinzen oder ist viel mehr ein Entdecker vom Format eines Kolumbus, Magellan oder Cook gefragt? Mit diesem Bild meine ich natürlich nicht, dass sich der Entdecker etwa auf ein unnatürliches Ableben in südlicher Wolken-Hemisphäre vorbereiten sollte. Das würde dem zarten Pflänzlein deutsche Cloud von vornherein den Todesstoß versetzen …

Genau hingeschaut würde eine Cloud made in Germany einen großen Teil der Bedenken und (rechtlichen) Probleme deutscher Anwender zerstreuen. Diese Services avancierten dann zu einer echten Sourcing-Alternative.

Spinnen wir diesen Gedanken doch noch einfach weiter … Eine deutsche Cloud könnte mehr als nur eine Sourcing-Alternative sein. Sie könnte Unternehmen die Möglichkeit bieten, miteinander und untereinander zu agieren. Transaktionen könnten hierüber abgehandelt werden. Ein interessanter Gedanke, oder? Ein eigenes Ökosystem.

Richtig interessant, auch für Bürger, wäre es, wenn auch Regierungsstellen und Behörden dabei mitspielen würden. Goverment-Service out of the Cloud. Damit würde Cloud unser Leben wieder etwas mehr erleichtern. Ein interessantes Gedankenspiel, oder? Und zugegeben gar nicht so neu: In Japan nehmen solche Gedanken bereits festere Formen an mit der Kasumigaseki Cloud.

Vor diesem Hintergrund ist eine “Cloud made for Germany” eine zusätzliche Herausforderung, die “Cloud made in Germany” sinnvoll ergänzen könnte. Hierzu braucht es jedoch mehr als einen Prinzen, der diesen Markt wachküsst. Hier sind echte Entdecker gefragt, die sich auf eine Reise mit unbekanntem Ziel begeben und in unbekannte Gefilde aufbrechen. Also worauf warten wir? Leinen los! Ach was sag ich. Wir segeln ja schon …

6.8 Wolken über Europa

Am 20. April 2010 von Martin Reti

Wolken scheinen im Trend. Doch in dieser Woche sind es die Aschewolken, nicht die IT-Wolken, die für Furore sorgen – und die uns Menschen zeigen, wie abhängig unsere Generation vom Flugverkehr und in der Folge dessen Zusammenbruchs auch von anderen Transportmitteln ist.

Wenn wir uns jetzt noch vorstellten, dass auch die andere Wolke, das Internet, zusammenbräche, dann wäre das schon ein ziemlicher Schlag ins Kontor der Businesswelt. Nicht reisen und keine mobile IT. Das würde die Konjunkturprognosen richtig in den Keller jagen. Vielleicht geht der April 2010 aber als der Triumph der aschepartikel-unabhängigen IT-Wolke in die Geschichte ein. Gestrandet und trotzdem arbeitsbereit dank Cloud Computing …

Auch wenn immer noch täglich Meldungen über neue Cloudaktivitäten in meinen elektronischen Postkorb flattern – der Ton hat sich abermals geändert. Waren es Anfang 2009 noch nahezu ausschließlich visionär-euphorische Aussagen, mehrten sich am Ende die Stimmen, die zu einer kritischen Prüfung raten. Und 2010 werden nun die Landeklappen ausgefahren und der Flieger kehrt aus den Wolken zurück (sofern die Asche das zulässt) auf die Erde. Cloud Computing hat den Hypestatus hinter sich zurück gelassen.

Nun kann eine ernsthafte Diskussion beginnen. Insbesondere darüber, wie Cloud Computing, oder besser die zugrunde liegenden Prinzipien oder Effekte nutzbringend in Unternehmen eingesetzt werden können. Denn so viel hat jetzt jeder begriffen: Was für Privatkunden funktional und akzeptabel ist, ist es noch lange nicht im Unternehmensumfeld.

Es wird sich zeigen, wieviel von den Cloudversprechen „pay as you use“, unbegrenzte Skalierbarkeit, Offenheit etc. übrigbleibt. Und daran wird sich auch der Erfolg des Modells messen lassen müssen. Dass in Unternehmen nicht das volle Potenzial wie in einer öffentlichen Wolke ausgeschöpft werden kann, liegt auf der Hand. Zuviele Faktoren sprechen dagegen: Sicherheitsansprüche, Haftungsfragen, gesetzliche Rahmenbedingungen, Verfügbarkeitsgarantien, Vorbehalte gegen geteilte Infrastrukturen und Plattformen, Individualität der Prozesse.

Und nicht zu vergessen: Das grundlegende Misstrauen gegen die Anbieter aus der Wolke. Diese versichern nahezu gebetsmühlenartig: “Sicherheit ist unser Kerngeschäft. Wir können das, wir müssen das, wir haben Erfahrung”. Doch das Misstrauen bleibt – übrigens nicht nur in Europa. Es bleibt festzuhalten: Vertrauen ist auch hier wieder der Schlüssel zum Erfolg. Und dieses Vertrauen haben europäische Unternehmen (noch) nicht in die public Cloud-Anbieter.

Das Rennen ist gestartet – wer wird die Industrialisierung seiner IT gemeinsam mit seinen Kunden so schnell und so rigoros vorantreiben können, dass Cloud Computing auch im Businessumfeld erfolgreich sein kann? Wird Cloud Computing Möglichkeiten für Individualität, den natürlichen Feind der Kosten, schaffen? Wieviel von den Kostenreduktionen wird übrig bleiben? Oder werden Unternehmen über eine Vereinfachung und Standardisierung ihrer Prozesse nachdenken? Das wäre nun wirklich mal ein Paradigmenwechsel …

6.9 Und immer greift die Krake

Am 19. Mai 2010 von Martin Reti

Als ich meine Kollegen fragte, was Google denn auf der CeBIT gezeigt, erntete ich breites Schulterzucken: „Da waren diese komischen Autos mit den Kameras“ … die Autos, die mich ablichten, wenn ich meiner Pflicht als Rasenmäher-Kapitän nachkomme. Dann kann jeder Mensch mich bei der „Arbeit“ im Internet sehen. Wer sich´s antun will ;-).

Street View und Cloud Computing for Business – das schienen mir bislang zwei Initiativen, bei denen ich recht wenig Berührungspunkte sah. Aber tatsächlich gibt es zumindest einen – seit ein paar Tagen.

Und der lautet: missbrauchtes Vertrauen. Ich verstehe allerdings nicht, was so viele Leute nun zum hektischen Aufspringen veranlasst. Es war doch gemeinhin bekannt, dass Google alles, was nicht explizit geschützt ist, zum Allgemeingut erklärt, oder vielleicht besser zum Googlegut. Und viele, viele, um nicht zu sagen: ausgesprochen viele, machen aktiv mit. Solange wir von Informationen profitieren können, finden wir das klasse. Wenn unsere Nachbarn allerdings erfahren, wem wir Mails schicken und dass wir regelmäßig das Mädchen des Tages anschauen, dann ist das nicht mehr ok.

Wir sollten ehrlich sein: Wir alle, oder sagen wir, fast alle, Sie natürlich ausgenommen, haben das Phänomen, die Grundhaltung „googlisch“ zu sein, mit entwickelt: Alles zu wissen, alles zu nutzen, aber wenig rauszugeben. Aber auch das stimmt nicht: Eine große Menge von Nutzern schätzt persönliche Daten nicht allzu hoch ein, offenbart sich im Internet und lebt großzügiges Teilen. Datenschutz wird für sie erst relevant, wenn sie mit den Schattenseiten eines allzu freizügigen Umgangs mit Informationen konfrontiert werden. Dass diese Schattenseiten auch wiederum positive Effekte zeitigen können, zeigt das Beispiel der Spammer, die der Cloud zu sehr vertrauten und vom FBI dingfest gemacht wurden.

Ob diese Haltung des „Datenschutz egal“ im Berufsleben einziehen wird … ich kann es nicht beurteilen. Schaun mer mal – möchte man angesichts der heraufziehenden Fußball-WM postulieren. ;-)

Wichtig ist mir allerdings der Berührungspunkt, den ich diesem Exkurs vorangestellte hatte: Missbrauchtes Vertrauen. Ich denke, Google hat, bei aller technischen Kompetenz und Marktbedeutung, ein fundamentales Problem. Wie kann man potenziellen Businesskunden klar machen, dass man der richtige Partner ist, wenn Geschichten wie die des „ungewollten Informationsansaugens“ die Runde machen? Sind drastische Kostensenkungen eine genügend hohe Reparationszahlung? Oder werden Businesskunden lieber doch etwas mehr bezahlen, aber dafür ihrem Service-Dienstleister aus der Cloud vertrauen können?

„Vertrauen ist der Anfang von allem“, warb hierzulande mal eine Bank. Kein Wunder, in der Finanzbranche ist es bekannt, dass Vertrauen unbezahlbar ist.

„Geld ist eben nicht alles“ mag der eine sagen, während der andere entgegnet: „Guter Ruf, schlechter Ruf, egal – Hauptsache man hat überhaupt einen“.

7 Unpublished Draft

"Ich schaff' das – gleich hab' ich ihn oben, gleich ..."

(Sysiphus, Steinroller)

7.1 Frankenstein's Monster on the loose

Martin Reti

Techniker haben das Monster freigelassen, nun rennt es durch die Gegend und treibt sein Unwesen. Vertreter von Compliance- und Sicherheit haben bereits die Fackeln angezündet. Der Euphorie folgt die Ernüchterung: Die Wolke verdampft.

Doktor Frankenstein hat den Schalter umgelegt, Millionen von Volt durchzucken den Körper seiner Kreation. Die zusammengenähten Einzelteile bewegen sich, aus dem Mund dringt ein Schrei: „Meister, Du hast mich erweckt …“. Gar kein schlechtes Bild für Cloud Computing, finden Sie nicht?

Einmal mehr haben die Techniker gezeigt, was möglich ist und dann das Monster freigelassen. Nun läuft, oder besser gesagt: schwebt, das Cloud Computing (-Schreckgespenst?) durch die IT-Räume und bringt die Bewohner des IT-Ökosystems um ihren Schlaf.

Und das nicht zu Unrecht: Die einen träumen von der schönen neuen Welt, die anderen sehen die Probleme. Technik ist gut, doch Kontrolle ist besser. Was die Erfinder nicht bedachten: Die potenziellen Nutzer in den Unternehmen legen immer noch Wert auf Sicherheit und die Einhaltung gesetzlicher Richtlinien. So mir nichts, dir nichts wird sich die Vision Cloud Computing nicht im Business realisieren lassen. Aber wenn man die ungeheure Kraft des Monsters doch nutzbar machen könnte …?

Dann zeigt sich, dass wir uns Stück für Stück von der Vision einer weltumspannenden, unbegrenzt skalierbaren Wolke verabschieden dürfen. Oder werden wir irgendwann eine weltweit einheitliche Gesetzgebung zur Datenhaltung haben? Oder international verbindliche Sicherheits-Richtlinien? Die Anbieter – auch die in öffentlichen Wolken – haben diese Defizite erkannt. Plötzlich erscheinen Angebote wie beispielsweise virtuelle private Clouds oder europäische Clouds auf der Bildfläche. Der Anfang von Ende? Das Eingeständnis, dass das Projekt Cloud gescheitert ist? Wenn die Cloud ins Business gehen möchte, und zwar in das ernsthafte Business mit Großkunden, dann bleibt vom schönen Gedanken nicht mehr so viel übrig – und natürlich auch nicht mehr so viel von der versprochenen Kostenersparnis. Die Wolke verliert ihre ausgefransten Konturen, sie wird schärfer, aber manche viel beschworenen Prinzipien müssen dabei über Bord gehen. Was wird wohl übrig bleiben?

Über die Autoren

Über die Autoren kann vieles gesagt werden. Hier sind nur ein paar Informationen und natürlich die Kontaktdaten.

Dr. Martin Reti (43), ein digitaler Imigrant, arbeitet im Solution Marketing von T-Systems und verfolgt das Thema Cloud Computing intensiv. Der Kommunikationsmann ist einer der Autoren des Bitkom-Leitfadens "Cloud Computing – Evolution in der Technik, Revolution im Business".

Email: martin.reti@t-systems.com

Dr. Michael Pauly (41) ist promovierter Elektroingenieur und Wirtschaftsingenieur. Er arbeitet bei T-Systems als Consultant mit Fokus auf Dynamic Services und Cloud Computing. Michael Pauly agiert als einer der Sprecher für Cloud Computing von T-Systems und vertritt das Thema auf diversen Veranstaltungen und Konferenzen.

Email: michael.pauly@t-systems.com

Und hier sind ein paar der „Produkte“ der beiden Autoren zum Thema Cloud Computing:

- Michael Pauly. Vom klassischen Outsourcing zum Cloud Computing. Industrialisierung im Outsourcing, C. Oecking, R. Jahnke, H. Kiehle, M. Weber (Hrsg.). CMP WEKA Verlag, S. 371-381, 2009.
- BITKOM-Leitfaden. Cloud Computing - Evolution in der Technik, Revolution im Business. Oktober, 2009.
- Michael Pauly, Martin Reti. Cloud Computing – Alternative Sourcing-Strategie für Unternehmens-ICT. White Paper. T-Systems, März, 2009.

… und zum Schluss

Zum Schluss möchten wir allen ganz herzlich danken durch deren Mithilfe der Cloud-Blog erst entstehen konnte.

Gedruckt wird unser Instant-Blog natürlich, wie sollte es anders sein, mit Hilfe eines Cloud-Service on demand. Sollten sich hieraus wider Erwarten irgendwelche Erträge oder Gewinne ergeben, so spenden wir diese vollständig dem Kinderhilfswerk der Vereinten Nationen UNICEF.